失敗しない液クロ分析

試料前処理と溶離液作成のコツ

松下 至・大栗 毅 著

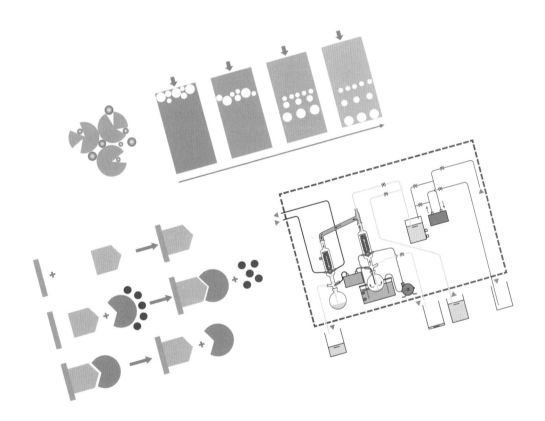

化学同人

はじめに

　近年，研究用の機器類は著しく進歩してきた．液クロ分野においても多くのカラムや検出器が開発され，分離度も感度も大幅に向上した．これらの高性能の機器を使いこなすには，そのメカニズムを理解するとともに，ちょっとしたコツを学ばねばならない．

　よい分析をするには，装置に導入する試料をクリーンアップする必要がある．試料に不純物が多ければ，微細管に詰まったり，有効なデータが得られなかったりする．HPLC 分析において，前処理とは試料のクリーン技法そのものであり，その具体的なノウハウをマスターしなければよい分析はできない．本書は，その手助けとなることを目指したものである．

　本書の目的は，実際に実験を行う研究者や技術者に，すぐに利用できる基本的なコツを提供することである．実際の実験では，前処理が十分なのか不十分なのかを判定（チェック）しながら進めてゆく．前処理が難しいとよく聞くが，それは自らが行った処理が十分なのか不十分なのかを判定する知識をもっていないからであろう．それを判定するための方法を習得する必要がある．この判定のために有効な機器には，薄層クロマトグラフィー，簡易 HPLC，簡易フラッシュクロマトグラフィーなどがある．前処理が適切かどうかを実験者自らがチェックできることがキーポイントとなる．

　第 4 章からは，液クロで用いる溶離液の作成方法について解説した．クロマトグラフィーで最も重要な分離ファクターであるカラムへの溶離液の関与は，コツ（というか，理化学的根拠と経験値）が必要である．それを支える基本が，各分離モードでパターン化されている既定値である．その基本を知ってほしい．分析の自動化が進んでいるが，分析者が溶離液作成の基本を学んでないと時間と溶離液を浪費することになりかねない．

　また第 3 章では，分離精製についてのスケールアップの例も書いた．近年，天然物からの有用な成分の抜き取り（分取）が行われている．たとえばステビオシドの場合，食品に添加することで糖尿病患者に有効に使用されている化合物が分取されている．クロマトグラフィーをうまく活用した食品添加物の例として読んでほしい．

　本書はクロマトグラフィーを駆使して，技術開発や研究に日々勤しんでいる方々の援助になればと仕上げた．筆者の希望が達せられることを望んでいる．

2018 年 9 月　著者記す

目　次

PART I　試料の前処理のコツ　**1**

第1章　前処理の基本——不必要な成分の除去法——　3

1.1　塩の除去　3

1.2　タンパク質の除去　7

1.3　脂質の除去　9

1.4　繊維質の除去　12

1.5　酵素による除去　12

1.6　糖類の除去　14

1.7　微粒子の除去　15

1.8　水分の除去　16

1.9　前処理に使う水の性質　16

1.10　前処理後の試料の保存　17

1.11　演　習　18

クロマトBOX①　カラムの圧力上昇の判定　10

クロマト小道具①　14

第2章　各種装置を前処理に活用　19

2.1　遠心式濃縮機　19

2.2　エバポレーター　20

2.3　凍結乾燥機　21

2.4　フラッシュクロマトグラフィー　24

2.5　水蒸気蒸留法　27

2.6　薄層クロマトグラフィー　28

2.7　超音波振動機（洗浄機）　30

2.8　粉砕機（ブレンダー）やミキサーによる磨砕　30

2.9　うまく前処理できたかどうかを判定する　32

2.10　演　習　34

クロマトBOX②　装置のセッティングに関する注意事項　20

クロマト小道具②　26

第3章　前処理の具体例　37

3.1　イオン交換クロマトグラフィーによる核酸系旨味物質（5'-IMP, 5'-GMP, 5'-XMP）の分析　37

3.2　ビール酵母エキスの呈味ヌクレオチドの分画　40

3.3　粉末化によるアントシアニン類の抗酸化能保持　42

3.4　ブルーベリー中のクリサンテミン含量の測定　43

3.5　基礎化粧品のBHTの含量の測定　46

3.6　河川中のPAHの測定　47

3.7　青魚類に含まれる油脂成分DHAとEPAの分離・分取　49

3.8　界面活性剤ラムノリピッドの分離とLC-ToF MSによる同定　52

3.9　演　習　58

クロマト小道具③　44

クロマトBOX③　HPLCにおける分析と分取　55

PART II 溶離液作成法 ⎯ 61

第4章 溶離液作成のための濃度計算の基礎 63
4.1 パーセント表示（重量パーセント） 63
4.2 モル濃度 63
4.3 質量モル濃度（mol/kg） 63
4.4 ppm と ppb 64
4.5 濃度の換算方法 64
4.6 溶液の溶解度 65
4.7 演 習 66
クロマトBOX④ クロマトグラフィーを表す用語 64

第5章 溶離液の種類とその作り方 67
5.1 親水性溶離液 67
5.2 緩衝液系溶離液 68
5.3 疎水性溶離液 70
5.4 混合溶離液 71
5.5 試料と溶離液との関係 73
5.6 演 習 74
クロマトBOX⑤ クロマトグラフィーを諸外国語で表すと 69

第6章 溶液作成に必要な器具と装置 77
6.1 溶液を量るための器具 77
6.2 溶液を混合するための器具 78
6.3 ペーハー計（ハンディタイプ） 79
6.4 屈折計 80
6.5 検出器 81
6.6 溶媒脱気装置 84
6.7 有機溶媒精製装置 87
6.8 演 習 88
クロマトBOX⑥ クロマトグラフの歴史と日本人研究者 86

第7章 溶媒回収法とそのメカニズム 91
7.1 回収できる場合とできない場合 91
7.2 有機溶媒の回収 91
7.3 演 習 92
クロマトBOX⑦ クロマトグラフィーとノーベル賞 92

第8章 クロマトグラフィーの種類と溶離液の関係 93
8.1 主要なクロマトグラフィーと溶離液 93
8.2 イソクラティックとグラディエント溶離液 98
8.3 溶離液のろ過 100
8.4 溶離液の保管方法 101
8.5 溶離液の置換方法 102
8.6 装置配管およびカラムのコンディショニング 104
8.7 演 習 105
クロマトBOX⑧ 溶離液の変化を抑える工夫 103

付　録　　107

付録 1　分配クロマトグラフィーの分配係数　　*107*

付録 2　充填剤の多孔質層の形　　*108*

付録 3　イオン交換体の比交換容量　　*108*

付録 4　ODS 充填剤の製造方法　　*109*

付録 5　フラッシュクロマトグラフィーの活用　　*111*

付録 6　フラッシュクロマトグラフィーに適した ODS　　*111*

付録 7　HPLC 分析判断表　　*112*

付録 8　残留農薬試験用固相抽出カラム　　*113*

付録 9　ポンプのチェックバルブの洗浄法　　*114*

付録 10　流路配管のメンテナンス　　*115*

付録 11　カラムの圧力上昇を軽減するには　　*116*

付録 12　検出器の流路のチェック法　　*118*

付録 13　リサイクルによる分離精製術　　*119*

付録 14　HPLC のスケールアップ　　*120*

索　引　　*121*

PART I 試料の前処理のコツ

第1章　前処理の基本
第2章　各種装置を前処理に活用
第3章　前処理の具体例

第1章

前処理の基本
―不必要な成分の除去法―

はじめに

液体クロマトグラフを用いた分析や分取では,液体クロマトグラフに注入するまでの前処理がきちんとできていないと,以下の①～⑦のような不具合が生じる.

① 有用成分が抽出液にわずかしか溶解せず,正確なデータにならない
② 温度の変化や溶媒の変化によって有用成分が変化する
③ 有用成分の濃度が薄すぎて測定できない
④ 有用成分が前処理中に沈殿したり,別分画になったりして測定できない
⑤ 試料のpH調整中にエマルジョンになり次の分画操作に進めない
⑥ 試料溶液のろ過,精製に時間がかかり過ぎる
⑦ 液体クロマトグラフに試料を注入したが配管に詰まって測定できない

実際の実験では,上記以外にもさまざまなアクシデントが起こり得る.本書では,このようなアクシデントを防ぐための,前処理の基本的な考え方と具体的な操作法をわかりやすく説明する.

1.1 塩の除去
1.1.1 透析法

透析とは,試料溶液と透析液を半透膜の透析膜を介して接触させて,試料溶液内の低分子と高分子を分画する手法である(図1.1).この手法は,試料溶液中の低分子化合物と生体高分子を分画する実験で開発が進められ,1950年頃から生命科学関連分野で広く利用された.当時,透析がさまざまな物質を含む混合液から生体高分子を分離できる最先端技術として報告されていた.例をあげると,組織,細胞や体液から試料を調製する場合,変性剤,界面活性剤,塩などを用いた透析が行われる.これらの添加物は,引き続い

4　第1章　前処理の基本

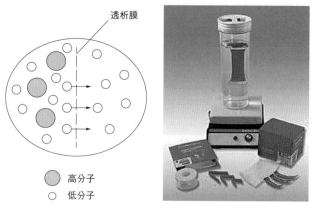

図1.1　透析の模式図と装置

て行われる実験で反応阻害因子となる場合には，再透析して取り除かねばならない．

　具体的に解説すると，タンパク質の試料溶液に不要な塩類（酢酸塩，PBS，リン酸塩，トリス緩衝液など）が含まれている場合，半透膜の透析膜を用いて除去する．試料溶液を透析膜の内部に入れ，サンプル溶液の200〜250倍容量の透析液を透析膜の外側に入れる．すると透析膜の内側と外側で濃度勾配（濃度の強弱）が生じ，溶液中の分子は膜の両側の濃度が等しくなるように膜を通過して拡散していく．透析膜には微細な穴があり，穴の径によって膜を通過できる分子とできない分子を選択できる．穴よりも小さい分子（単糖，塩類）は膜を通過し，大きい分子（タンパク質，多糖，核酸）は通過しない．

　半透膜には再生セルロースがよく用いられる．親水性でバッファーが浸透しやすくタンパク質の吸着が少ないためである．試料溶液と透析液の液量比率も重要である．一般には，試料溶液量を少なくして透析液を多くするほど透析効率がよい．一方，中分画透析膜処理[*1]では，試料の量を多くすると効果を発揮する．精密な分離ではないので，試料処理量を多くして作業効率を上げる．

　留意事項として，透析のメリットとデメリットについて述べる．メリットとしては，急激なバッファー変化がないことがあげられる．このため，溶液をあまり変化させたくない場合に適している．また，特別な装置は必要なく，実験者が簡単に組み立てられ，操作が簡単であることもメリットであろう．デメリットは時間がかかることや，透析液が多量に必要なことである．

*1　中分画透析膜処理とは，粗い分離でもなく，精密な分離でもない，中間的な分離のこと．

1.1.2 ゲルろ過法

　分子ふるい効果については，1920年代にウプサラ大学の研究グループによる解明が進み，1940年代に入りゲルろ過クロマトグラフィーとその充填材の開発が進んだ．砂糖大根の絞り汁から有用物質*2を抽出する実験により，開発されていった．

　スウェーデンの科学者である J. Porath と P. Flodin によって，クロマトグラフィーの開発が進められた．"We wish to report simple and rapid method for the fractionation of water soluble substance" から始まる歴史的論文が，Nature に掲載された．その内容は「溶液をクロマトグラフィーの担体，すなわちゲルの充填されたカラムに通すと，そのマトリックスにより，溶液中のさまざまな大きさの分子が溶出分離される」という新規のクロマトグラフィーであった*3．これにより，ゲルろ過クロマトグラフィーを用いて，サンプルを分子のサイズによって分離できることが明らかになった．すなわち試料溶液から脱塩できるようになった．

　溶液ゲルろ過担体は，微小な穴の開いた多孔質の電荷をもたない分子で，通常はカラムに充填して用いる．担体の穴の大きさによって分離されるサンプルの分子量は変わるが，一般にタンパク質や高分子のサンプルから低分子の物質を除きたいときに用いる（図1.2）．ゲルろ過では高分子は担体の穴から中に入ることができず，担体の外側を伝ってカラムの下側へ流れていく．一方，低分子の物質は担体の穴の中に入って長い間とどまるため，高分子のサンプルと低分子物質ではカラムの中を移動する距離が異なり，移動距離の短い高分子のサンプルが先に流出する．

　脱塩およびバッファー交換は，ゲルろ過において最もよく使われる方法である．脱塩は高分子サンプルをカラムから溶出し，必要な中・高分子を順次分取する手法である．ゲルろ過は他の手法よりも比較的早く処理でき，少量のサンプルでも脱塩やバッファー交換が可能である．しかし，大量のサンプル処理には不向きである．また，サンプルが希釈されることがあるので，濃

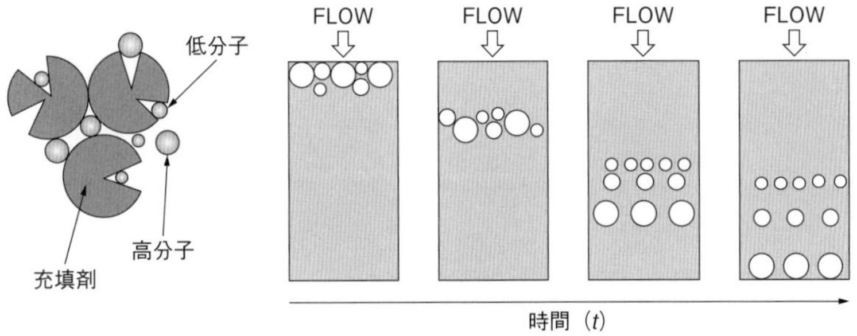

*2　この未知物質はデキストランと呼ばれた．不活性の多糖類であった．

*3　この論文には血液タンパク質から硫酸アンモニウム塩を分離する実験例が記されている．

図1.2　ゲルろ過による脱塩の模式図

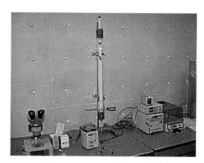

図1.3 ゲルろ過の装置

縮が必要な場合もある．

図1.3はゲルろ過の装置である．最近は多くの脱塩用ミニカラムが市販されているので，目的に応じて選択すればよい．筆者らが使っているミニカラムの例を表1.1に示した．その他のメーカーからも数多くのカラムが市販されている．

表1.1 ゲルろ過の装置

ミニカラム	用　途
SephadexG-25	オリゴDNAなどの精製，バッファー交換，ATPや塩など
Sephadex G-50	シーケンス反応物の精製，ダイターミネーターの除去など
Sephacryl S-200	PCR反応物（50bp<）の精製，dNTP・プライマーの除去
Sephacryl S-300	DNAフラグメント（118bp<）の精製，制限酵素処理後の短鎖DNA除去
Sephacryl S-400	DNAフラグメント（271bp<）の精製

1.1.3 限外ろ過法

限外ろ過法は，透析法と同様に，半透膜を用いて高分子サンプルと低分子物質を分離する方法である．受動拡散の透析法とは異なり，圧力または遠心操作によって強制的に低分子を通過させる．水（溶媒）や低分子物質は膜を通過し，高分子サンプルは膜上で濃縮される（図1.4，1.5）．

限外ろ過法のメリットには，早いこと，低分子除去と同時にサンプル濃縮

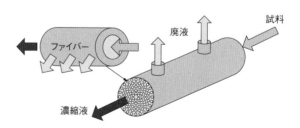

図1.4 中空糸膜の模式図

図1.5 限外膜モジュール

が可能なこと，比較的大量のサンプル処理も可能なことがあげられる．一方，デメリットには非特異的な吸着が起こることがあげられる．

1.2 タンパク質の除去

1.2.1 沈殿法

沈殿法は，タンパク質を沈殿させて不溶成分を含む上清を除去したあと，次に行う実験に適したバッファーでタンパク質を再溶解する手法である．一般に沈殿法のバッファーには，アセトン，トリクロロ酢酸，硫酸アンモニウム（硫安）がよく使われている．透析法やゲルろ過法では除去できない分子（ある種の界面活性剤や脂質など）の除去に適している．特に，できるだけ不溶成分を除去して質量分析を行いたいときによく用いられる．透析法やゲルろ過法ではタンパク質吸着によるサンプルロスが危惧されるが，沈殿法ではロスは少ないためである．

沈殿法のメリットは，低分子以外の物質も除去できることである．また，低分子除去と同時にサンプル濃縮が可能なこともメリットといえる．

逆に沈殿法のデメリットとしてはタンパク質が変性する可能性があり，タンパク質の再溶解が困難なことがあげられる．

1.2.2 限外ろ過法

限外ろ過法は脱塩（1.1.3項）だけでなく，タンパク質の除去にも活用されている．限外ろ過膜でろ過すると，普通のろ過より圧力が大きいので，目に見えないコロイド粒子や微細粒子も分離できる[*4]．現在では膜の細孔径が約 $1 \sim 100$ nm（0.1 μm）範囲の多孔質膜を限外ろ過膜と呼び，これを用いた膜分離が限外ろ過法である．IUPACの定義では，2 nm まではナノろ過の範囲とされている．

研究用の限外ろ過膜には，以前はコロジオン膜が使われていたが，現在は逆浸透法で開発された多孔質膜が繁用されている．この膜は分離活性層が薄く，細孔径が均一であるため，限外ろ過の精度が高まった．そのため限外ろ

*4 従来のろ過を超えているという意味で，ウルトラ・フィルトレーションと呼ぶこともある．

過法が広く使われるようになり，限外ろ過膜の範囲（1 nm ～ 0.1 μm）のウイルス，高分子，コロイド，微粒子などの分離に用いられている．低分子の物質や塩類は膜を透過するので，操作圧力は逆浸透法より低い0.1 ～ 1 Mpaである．市販されているミニディスク・メンブレンフィルター*5 とは使用方法が違い，試料量が多い場合やミニプラントのための研究などに活用されている．

*5 ミニディスク・メンブレンフィルターとは，少量試料用のフィルター．合成樹脂製が多い

1.2.3 アミノ酸分析のためのタンパク質除去

食品や生体試料中の浮遊アミノ酸を測定する場合，アミノ基をもつタンパク質やペプチドの除去は，必要不可欠な前処理操作である．以下に代表的な手法について述べる．

【75％エタノール抽出法】
①試料約 10 g に対し，75％エタノール 20 mL を共栓三角フラスコに入れる
②冷却管を取り付け，80 ℃で 20 分間還流抽出する
③上澄み液をろ過し，ナスフラスコに入れる．この抽出を 3 回繰り返す
④ロータリーエバポレーターを用いて，減圧乾固する
⑤乾固した残渣が油分を含んでいる場合は，エーテルで脱脂する
⑥0.02 mol/L の塩酸で溶解し，0.45 μm のフィルターでろ過し，測定溶液とする

【スルホサリチル酸法】
①試料を遠心管に秤量し，1 ～ 2％のスルホサリチル溶離液を等量加える
②よく撹拌し，1000 ～ 3000 rpm で 15 分間遠心分離する
③上澄み液を試験管に入れ0.45 μm のフィルターでろ過し，測定溶液とする

アミノ基の誘導体化反応は，塩基性条件で進行する．スルホサルチル酸は強酸であるため，スルホサリチル酸で前処理してプレカラム誘導体化を行う場合は，pH を調製する必要がある．また，その結果生じる多量の塩は，反応の抑制やばらつきの原因となる．このため，プレカラム誘導体化法*6 を行う場合は，エタノールで前処理をするほうがよい．一方，ポストカラム誘導体化法*7 の場合は，どちらの前処理法を用いてもかまわない．

*6 カラムに注入前に処理する方法．

*7 カラムに注入した後で反応させる方法．

次に，タンパク質と有機酸を除去し，HPLC で果汁中の糖類を分析する例を紹介する．果汁（オレンジ，リンゴなど）を搾ったもの 1 mL を純水で10 倍希釈する．タンパク質除去には 0.45 μm のディスク・メンブレンフィルターを，有機酸除去には陰イオン交換カートリッジ（市販品より選ぶ）を

使用する．溶離液と上述の試料処理液を1:1で混合し，よりクリーンアップするために0.45 μmのディスク・フィルターでろ過する．さらにタンパク質を除きたい場合は，ディスク・メンブレンフィルターを2回通すのも効果がある．脱塩も同時に行いたい場合は，陽イオン，陰イオンカートリッジを組み合わせればよい．溶離液，水，アセトニトリル混合液をHPCLで分析し，検出器の示差屈折計（RI検出器を用いる）カラムは陰イオン系カラムを用いる．このようにして，果汁中の主要な糖類であるフルクトース，ブルコース，スクロースが測定できる．

1.2.4　有機溶剤による沈殿法

　タンパク質変性沈殿法は，試料に試薬を添加してタンパク質を変性させ，沈殿除去する方法である．酸で処理する場合と，塩で処理する場合と，有機溶媒で処理する場合がある．

　有機溶媒で処理する場合，正に帯電したアミノ基と酸の陰イオンとの相互作用により，溶解度が小さくなりタンパク質が沈殿する．非常に少量の酸で99%以上のタンパク質を除くことができる．強い酸を用いる場合は，目的物質の安定性に注意が必要である．通常は，処理後には中和や抽出で過剰の酸を除く．処理しないで直接分析カラムにかけると，化学結合した固定相や充填基材に悪影響を及ぼし，カラム性能を劣化させたりカラム寿命を短縮したりする危険性がある．

　塩で処理する場合は，マイナスに帯電したタンパク質のカルボキシ基と金属カチオンとのイオン的相互作用，あるいはイオン強度の変化による塩析効果により沈殿が生じる．比較的緩徐に沈殿が形成され，時間がかかる．試料に高濃度の塩が残ると，逆相分離条件下では注入時に塩が析出する可能性があるので，薄めて使用する．検出器によっては脱塩が必要なものもある．金属カチオンには通常は塩基性のものを用いる．中性塩を使用する場合は，溶液のpHへの影響は少ない．

　有機溶媒で処理すると，誘電率が変化し，タンパク質表面の水和水が奪われ溶解度が減少し，タンパク質どうしの相互作用が強くなり凝集して沈殿を生じる．操作が簡便である．目的物質の抽出も兼ねて行う場合もある．希釈されるので濃縮が必要なときもある．上清をそのままHPLCに供する場合，溶離液と1:2～1:5程度に薄めるとピークが変形しない．

1.3　脂質の除去

1.3.1　脂質の化学構造

　脱脂の対象となる「脂質」とはどのような分子なのであろうか．約90年

10 ●――――●第1章 前処理の基本

前にW. R. ブロアーが「水に溶けず，エタノール，クロロホルム，ベンゼン，熱アルコールなどの溶剤に溶ける．ほとんどが脂肪酸のエステルであり，生物体に利用される成分」と脂質を定義した．

脂質には，脂肪酸とグリセロールが結合したトリアシルグリセロールなどの単純脂質，単純脂質の一部にリン酸，アミノ酸，糖などが結合した複合脂質（リン脂質，糖脂質），そして複雑な構造をもつコレステロールや高級脂肪酸などがある．この中で，リン脂質や糖脂質は，その分子内に親水基と親脂基の両方をもつ．このため，水には完全に溶けないが，水とも油とも混じり合う性質，いわゆる界面活性能をもつ．水と油を乳化する機能をもつため，前処理にはいくつか注意点がある．

食品の分野では，脂質は油（室温で液体）と脂（室温で固体のもの）に分類されている．以下これら「脂質」を除く操作を具体的に述べていく．

1.3.2　溶解度の差を利用した脱脂法

この手法では，分液ロート（図1.6）を用いる．使用方法は次の通り．

①ガラス製分液ロートをスタンドに安定な状態で立てる．下部の活栓を閉じ，ロートに試料液を入れる．分液ロートの液量は，通常は容器容量の30〜40%にする．

②ヘキサンやエーテルなどの抽出溶媒を入れ，上の栓をした後，上の栓の空気孔と栓の溝を空気が漏れないようにずらす．

▢ クロマトBOX①　　　カラムの圧力上昇の判定

HPLC分析でよく起きるトラブルが，カラムの圧力上昇である．装置導入当初のODSカラム圧力が20 kg/cm^{2}のものが，たとえば倍近くの50〜65 kg/cm^{2}になったとき，その原因を突きとめることが大切である．カラムが原因ではない可能性もあるからである．

まずはプレカラムの目詰まりをチェックする．試料はサンプルインジェクターから直接このプレカラムに入るので，目詰まりが起きやすい．プレカラムが詰まるということは決して悪いことではない．なぜなら，本カラムが詰まるのを防止しているからである．

カラムを取り外し，送液してプレカラムの圧力をチェックする．もし圧力が大きければ，次の手順で洗浄する．

①10%のメタノールを含んだ50〜60 ℃のお湯を送液
②メタノールを送液
③HPLC溶離液を送液（水分含量の多いものは比率を考える）

これは，逆相系カラム，ODSの場合である．他のカラムについてはその溶離液を参照すること．

もし，それでも圧力が下らなければ，カラムヘッド内部のフィルターが原因である可能性があるので，ステンレスのカラムヘッドをスパナでゆっくりと回して外す．カラム上部が乱れないように，振動させずに丁寧に外す．

図 1.6　分液ロート

③左手で上の栓を，右手で活栓を押さえて，分液ロートをよく振って混合し（20 回程度），スタンドに掛けた状態で活栓を開き，気化した溶媒の蒸気を抜く．これを数回繰り返す．
④ロート台に掛けて，下の活栓を閉じたまま，上の栓の空気孔と栓の溝を合わせて空気が通るようにして，しばらく静置する．その後，下層部に脂質がある場合は下層の液を下から流出し抜き出す*8．
⑤空気抜きの穴から液がこぼれないようにして，上層の液を上の口からこぼれないように取り出す．

*8　目的とする取り出したい液が上層にあるのか，下層にあるかは水溶液と有機溶媒の比重による．

注意点は以下の通りである．

①エーテルなどの引火性溶媒を使うときは火気に十分注意し，よく換気する．
②抽出溶媒として蒸気圧の大きいジエチルエーテルを用いる場合は，毎回，内圧が高まるので，たびたび蒸気を抜く．
③振り混ぜた溶液を静置するとき，空気孔を閉じておくと，栓が飛ぶことがある．
④次に使用するときのことを考え，活栓が取れなくならないように，すりガラスの活栓に紙などを挟んでおく．

1.3.3　ソックスレー抽出法

　ソックスレー脂肪抽出器は図 1.7 のように冷却器，抽出管，受器の三つの部分からなり，この三部分はすり合わせで連結できるようになっている．円筒ろ紙に試料を詰めて，上部に軽く脱脂綿をつめた円筒ろ紙を入れる．受器にはジエチルエーテルを入れる．そして電気湯せん器中*9 で加温するとジエチルエーテルが蒸発し，外管（図 1.7 の矢印）から冷却器に達する．ジエチルエーテルはここで液化されて溜まる．ジエチルエーテルがサイフォンの上端に達すると，受器に戻ってくる．これを繰り返すことによって，試料中の脂質が抽出される．

*9　ジエチルエーテルは引火性が非常に高いので，電気を熱源とする．

図1.7 ソックスレー抽出器

ソックスレー抽出法では，水分が多いと脂質が抽出されにくいので，風乾または乾燥処理した試料を用いる．また，浸潤状態の食品に無水硫酸ナトリウムを混和して脱水したものを測定試料とすることもある．水分含量の多い食品は，凍結乾燥後，粉砕処理して用いる．

ジエチルエーテルには，脂肪の他にコレステロール，脂肪酸，脂溶性色素，脂溶性ビタミン，ロウなども溶解する．したがって，ソックスレー抽出法で定量されるものを，食品分析では「粗脂肪」と呼び，これを食品成分表では「脂質」と称している．一般的な食品では，脂肪以外のジエチルエーテル可溶性成分は非常に少ないためである．

一方，パンやクッキーのような「ばい焼食品」，タンパク質と脂質が一緒に乾燥された食品（たとえば「ゆば」）などの脂質は抽出が難しい．よって，すべての食品の脂質をソックスレー抽出法で定量するのは無理があり，酸分解法などの他の方法を適用するほうが正確に定量できる場合も少なくない．

1.4 繊維質の除去

食物繊維は，水溶性と不溶性に分類される．水溶性食物繊維は，さらに高分子と低分子に分類される．代表的な食物繊維を表1.2に示す．

表1.2 代表的な食物繊維

水溶性食物繊維	不溶性食物繊維
ペクチン	セルロース
クルコマンナン	ヘミセルロース
アルギン酸ナトリウム	リグニン
グアーガム	寒天
コンドロイチン硫酸	キチン
低分子アルギン酸	コラーゲン
難消化性デキストリン	
ポリデキストロース	
イヌリン	

表1.2に示したような分子は，低分子アルギニンを除いて，いずれも分子量とサイズが大きいので，ゲルろ過クロマトグラフィーか限外ろ過膜を用いて分離する．逆にこれらの大きい分子を分取したい場合はセルラーゼなどの酵素で分解して，低分子にしてから以下の方法で除く．

1.5 酵素による除去

酵素は活性をもつタンパク質である．生物体の細胞では種々の化学反応が行われ，それかの反応が細胞代謝を構成しているが，細胞中には種々の酵素が存在し，それぞれ特異的な化学反応を促進し，生活活動を可能にしている．

酵素はタンパク分子であり，三次構造をもつ．酵素の中にはいくつかのユニットからなり，四次構造を形成しているものもある．酵素の形は反応相手（基質）の分子との結合に関連しており，酵素活性に重要な役割を果たしている．

酵素のポリペプチド鎖は折りたたまれ，小さなポケットや割れ目がある．この部分を酵素の「活性部位」と呼ぶ．酵素はこのポケット部で基質と結合し，酵素・基質複合体を形成する．この複合体の状態で反応が進み，反応生成物を生ずるとともに，酵素が再生される．

1.5.1 酵素の基質特異性
酵素反応では，酵素を錠，基質を鍵，酵素の活性部位を錠の鍵穴とたとえることができる．酵素分子の活性部位（鍵穴）は，ある形をもつ基質に特異的に結合する三次元構造をしている．したがって酵素は，その活性部位に適合する形をもつ基質分子とのみ特異的に結合する．特異性には四つの種類がある．

①絶対特異性：一つの酵素がただ一つの基質と結合する．
②官能基特異性：ある官能基をもつ基質類と結合する．たとえば，ホスファターゼ類はリン酸基をもつ基質類に作用する．
③結合特異性：ある化学結合に対して特異的に結合する．たとえば，エステラーゼはエステル結合に特異的に作用し，加水分解を行う．
④立体特異性：ある酵素類は D 型と L 型の立体異性体を判別して，それらの一方の形のものにのみ作用する．

1.5.2 プロスキー法
食物繊維の定量を例に，酵素による処理を説明する．

①試料を採取後，熱安定 α-アミラーゼによってデンプンを糖鎖へ分解する．
②プロテアーゼによってタンパク質のペプチド結合を分解する．
③アミログルコシダーゼによって，熱安定 α-アミラーゼで分解された糖鎖をブドウ糖まで分解する．
④エタノールを加えて沈殿を生成させた後，吸引ろ過で回収する．
⑤得られた沈殿をエタノールおよびアセトンで洗浄する．この洗浄操作で脱脂が不十分だと，ろ過残渣重量として上乗せされ，食物繊維量は多く計量されるので要注意．
⑥沈殿は，よく乾燥して乾燥重量を測定する．

⑦ろ過残渣中には，分解されずに残った試料由来のタンパク質，酵素由来の
タンパク質，無機物などが含まれる．このため，別途，タンパク質と灰分
を定量して乾燥重量から差し引くことで，食物繊維量が算出される．

これをプロスキー法といい，簡便で信頼性の高い方法であり，AOAC イ
ンターナショナルの公定法（AOAC 法）で採用されて広く用いられるよう
になった．日本では，食品表示基準の分析方法となっている．

1.6　糖類の除去

1.6.1　糖類の除去

糖類は紫外吸収部にほとんど感度をもたない（いわゆる吸収されない）の
で，HPLC での測定において，ピークを乱す原因にはなりにくい．しかし，
水溶液中に多量の糖類があり，その含有率を 1% 以下にしたい場合などは，
次のように前処理をするとよい．

①測定したい成分が水にあまり溶けず有機溶剤によく溶ける場合は，分液
ロートを用いて，分離を数回繰り返して，有機層を分取すればよい．

②多糖類が多い試料は，ゲルろ過クロマトグラフィーや高速遠心分離で分画
する．

③市販されているイオン交換ゲルを詰めたディスク・メンブレンフィルター
を通して分画する．

④試料が 2 ～ 5% 前後であれば，エタノールとメタノールを順次加えてい
けば，糖類はアルコールには溶けないので，沈殿してくる．その際は温度
を極端に下げるのも有効である．

⑤オープンカラムやフラッシュクロマトグラフィーを利用すれば，高精度で

◻ クロマト小道具①

ヤスリは使い分ける

HPLC のメンテナンスでは，ステンレスパイプ
を削る，切る，磨くといった作業が多い．この際
に使うヤスリは，粗目と細目の 2 種類を使い分け
るとよい．たとえば，太めの管（0.8 mm 径）の
場合は，まず粗目のヤスリで円周の切口に傷をつ
け，細目のヤスリで丁寧にカットする．あるいは，
粗目のヤスリでカットした後，細目のヤスリで切
口を平らに仕上げる．1 種類のヤスリで無理に作
業すると仕上がりが乱れる．

メスシリンダーも使い分ける

精密秤量の際は，硬質ガラス製で正確な目盛り
のついたメスシリンダーを用いる．しかし，分取
クロマトグラフィーの溶離液作製の場合は，テフ
ロン合成樹脂系のメスシリンダーで十分である．
これならば角をぶつけたり，落としたりしても割
れる心配がない．迅速に作業を進める際の溶離液
調整に手軽で便利である．

分画ができる（第2章参照）．

1.6.2　多糖の加水分解法

上述の少糖類に比べて分子サイズが大きいので，アルカリ処理で分解後，塩酸で弱酸性に調整後，50～100倍に希釈してHPLCで分析する方法を示す．

① 試料をアルカリ蒸解処理（水酸化ナトリウム濃度は 0.1 M とし，45 ℃で約80分間分解する）．装置はステンレス製がよい．
② 冷却後，0.1 M 塩酸で pH 5.0 に調整．
③ ろ過後，50～100倍になるように溶離液で希釈して，0.45 μm のメンブレンフィルターでろ過し，HPLC用試料とする．

1.7　微粒子の除去

ここまでは分子レベルの大きさの物質を見てきたが，本節ではそれよりも大きい微粒子の除去について述べる．これは，それほど難しくはない．図1.8に示すように微粒子の大きさに則したフィルターを用いればよい．以下，具体的に例を示す（図1.9）．

・目に見えるような径の大きいものは，金アミで十分．
・それよりも小さい粒子は，通常は遠心分離にかける．
・遠心分離と同様に頻繁に用いられるのがペーパーろ紙である．ペーパーろ紙には微細分離用から荒分離用までがある（表1.3）[*10]．
・0.2～1.0 μm のディスク・メンブレンフィルターが繁用されている．

*10　No. 7～No. 1 まで，さまざまな粗さのろ紙が市販されている．

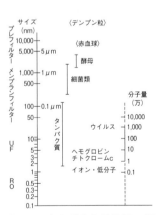

図1.8　さまざまな微粒子の径

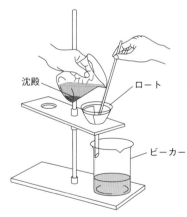

図1.9　ロートの使い方

表1.3 ろ紙の種類一覧

種類		用途
定性用ろ紙	No. 1	一般
	No. 2	標準
	No. 131	半硬質
定量用ろ紙	No. 3	簡易
	No. 4	硬質
	No. 5A	迅速
	No. 5B	一般
	No. 5C	微細沈殿
	No. 6	標準
	No. 7	精密
クロマトグラフ用ろ紙	No. 50	標準
	No. 51	無けい光
	No. 51A	無けい光
円筒ろ紙	No. 84	脂肪抽出

1.8 水分の除去

生体試料の脱水は，アルコール，アセトンに始まり，DMF（N,H-Dimethyl Formamide）や樹脂脱水など，さまざま方法がとられてきた．これらの中で最も安定しているのがエタノールの上昇系列による脱水であり，本節ではこの手法を取り上げる．脱水の順序は以下の通りである．

あらかじめ純度の高いエタノールを 200 mL ずつ広口ビンに作製しておくとよい．50～99.5％までの脱水はそれほど厳密ではなく，中の試料液を落とさないよう慎重にビンを傾けて中のアルコールを捨て，新しいエタノールを広口ビンから注げばよい．順次，水分を除去していく．

脱水過程で試料の収縮などが最も起こりやすいのは80％前後のエタノール濃度だと考えられている．一方，後に HPLC にかけたときに樹脂への保持が成功するか否かは100％ エタノールによる脱水を厳密に行ったかどうかで決まる．そのため，あらかじめ無水硫酸銅を用いて100％ エタノールを作っておくとなおよい．

1.9 前処理に使う水の性質

化学分析の原水は，一般に水道水か井戸水である．これらの原水中にはさまざまな無機および有機の不純物が含まれる．これをそのまま化学分析に用いることはできないので，精製する必要がある．精製にあたっては，まず原水の水質を把握しなければならない．たとえば以下に一般的な不純物の除去法を述べる．

1.9.1 無機物の除去

金属陽イオン（アルカリ金属，アルカリ土類金属，鉄，その他の重金属など），無機陰イオン（塩化物イオン，炭酸イオン，硫酸イオンなど），溶存ガス（二酸化炭素，酸素，アンモニア，塩素など）などがある．不純物イオンは，10 ～ 1000 ppm レベルで含まれるが，伝導度測定で簡単にモニターできる．これらの除去には，イオン交換法，蒸留法，逆浸透法などが用いられる．溶存ガスの除去には，脱気法やイオン交換法が用いられる．

1.9.2 有機物の除去

天然物質（フミン酸など）の他に，日常生活および産業からもたらされる物質（合成洗剤，フタル酸エステルなど）がある．これらの汚染は，通常はppb レベルであるが，これらを直接対象とする有機分析ではもちろんのこと，無機分析でも測定に悪影響が出る可能性がある．たとえばポーラログラフィーでは，微量の界面活性剤の存在が波形を乱すことがあるので，十分に注意する必要がある．これらを除くには，蒸留法，吸着法，ろ過法，逆浸透法を用いればよい．

1.9.3 微生物の除去

微生物は，従来，生化学や医・薬学の分野を除けばあまり問題にならなかった．しかし，微生物がイオン交換カラム中で増殖し，ついには水質を低下させることが認められているし，ある種の溶液では保存中に微生物のために変質が起こる可能性もある．微生物は，ろ過法や蒸留法で除かれる．

1.10　前処理後の試料の保存

前処理が順調に進めば，HPLC への注入となる．前処理後数分以内にとりかかれるときは，そのまますぐに HPLC に注入する．30 分以上間が空くときは，空中の微細ゴミなどが入らないように，必ず蓋をする．蒸発しやすいものは密閉の封をする．この場合は温度が低いほうがよい．

しかし実験上の都合により，すぐにとりかかれない場合もある．たとえば機器の順番待ちとか，その他の多くの理由で数時間，数日間，あるいは数カ月間，試料を保存しなければならないことがある．

数日間保存するときは，成分がどのように変化するかを前もって把握しておき，冷蔵暗所に保管する．変化が激しく，冷凍が必要なときは冷凍庫に保管する．有機溶媒の比率が高い試料は腐敗の恐れがないので室温保存でもよいが，蒸発を防ぎ，実験者がその蒸気を吸わないようにすることは重要である．

1.11 演 習

1. タンパク質を除去する際，アミノ酸，ペプチド，タンパク質の違いを理解している必要がある．これらの違いを説明せよ．

2. 分子量分画法で脱塩するときの手順を示せ．また，残留 NaCl の測定法も説明せよ．

3. 油分の抽出では分液ロートとソックレーが汎用されている．これらの特徴を比較せよ．

4. 食物繊維測定に用いる酵素をあげ，分解する成分をそれぞれ示せ．

5. タンパク質 0.2%，食塩 0.1% を含む溶液がある．溶液量は多く，200 mL 以上ある．この溶液を脱塩して食塩を 0.01% 以下にしたい．どのような脱塩法が適しているか示せ．

6. ある試料を脱塩し，約 10 分の 1 にした．塩の正確な残存量を知りたい．どのような手法があるかを示せ．また，脱塩の方法についても概略を説明せよ．

7. エバポレーターで濃縮する際，効率よく濃縮するために留意すべきことがある．次の①〜⑤を考え，効率よく濃縮する方法を示せ．
①ガラス部の密封性　　②冷却水について　　③吸引ポンプについて
④試料用の回転させるフラスコについて
⑤試料を温める水浴について

8. 限外ろ過膜を用いて，オリゴペプチド，タンパク質，ウイルスを分取したい．どのようなサイズの膜で分離すればよいか．

第2章

各種装置を前処理に活用

はじめに

　前処理をより迅速に，より効率よく，より精度を上げて行うためには，汎用されている分析機器を有効に利用する必要がある．本章では，溶離液に汎用されている機器類をとりあげ，その機器のメカニズムと使用法を中心に解説する．なお，第1章で説明した装置や機器類については重複するので，ここでは取りあげない．

2.1　遠心式濃縮機

　減圧条件下で，試料容器をセットしたローターを回転させて，遠心によって突沸や飛散を抑えながら，試料を濃縮していく装置である（図2.1）．温度を上げたり下げたりもできる．遠心式濃縮機は，遠心器，真空ポンプ，冷却，加温部からなり，蒸発した溶媒を冷却して回収する冷却トラップが接続される．

　遠心式濃縮機は微量・少量試料の濃縮に適した装置であるが，ローターを変えることにより数百mLの試料にも対応できる．試料容器の上部から加温し蒸発効率を上げる装置や，試料の酸化防止のため窒素をパージする装置も

図2.1　遠心式濃縮機

20 ●────●第2章　各種装置を前処理に活用

ある．短時間で濃縮することはできないが，微量試料を丁寧に乾燥していく装置として重宝される．

　遠心式濃縮期は試料溶液に遠心力がかかることで試料の突沸や気泡を抑えている．試料の飛散がほとんどないので，容器間の汚染が少ない．使用後はローター内部を清潔にしておくことは大切である．

【操作方法】

①濃縮器内の温度（冷却，加温）は試料の熱に対する安定性を考慮して設定する．

②試料容器をローターにセットする．重量のバランスを考え，溶媒が同じものが対称の位置になるようにセットする．

③遠心機のローターを回転させ，装置内を減圧する．

④減圧度は重要なので，空気が漏れないようにする．十分な真空度が必要なので，減圧を行う前に装置の接続部を確認すること（チャンバーのシールリングがきちんとついているか，また不純なごみが付着していないか）．

⑤実験の目的に応じて試料を濃縮し，減圧を解除し，ローターの回転をストップする．

⑥ローターの回転が完全に止まってから試料容器を取り出す．

⑦ロータリーチャンバー内に溶媒蒸気が留まらないように，使用後はカバーを開けておく．ケミカルフィルターを装着しておくとポンプの劣化が防げる．

2.2　エバポレーター

　原料からの抽出溶液や中間体溶液の濃縮処理は頻繁に必要とされる作業である（図2.2）．濃縮メカニズムは簡単で，減圧下で水浴（28 〜 55 ℃程度）によって溶媒を除去し濃縮する．減圧下では溶液の沸点が下がるので，低い温度で水が沸騰する[*1]．

*1　たとえば富士山では，気圧が低いので，水は約87 ℃で沸騰する．

□ クロマト BOX ②　装置のセッテイングに関する注意事項

実験台：クロマト装置は重く，少しの傾きでも歪みが生じるので，実験台が水平か最初によくチェックする．

揺れ：大型トラックが横を走るなど，揺れる場所は避ける．

冷え：冬はクロマト装置が冷えると，特に配管によくないので，室内を暖房してから稼働させると早く安定する．

電源：ワット数の高い装置は同じコンセントに接続しない．

図2.2 汎用されているエバポレーター

【操作方法】
①前準備として，バスに水を入れる．サンプルが水溶液の場合は40〜45℃にセットする．
②サンプルが300 mL程度なら，500 mLのナスフラスコに入れる（通常，サンプル量が2分の1程度に収まるようにすること）．
③吸引コックを締めて，ナスフラスコを装置に取り付ける．
④ナスフラスコを回転させ，しばらく後に気泡が生じるかチェックする．
⑤気泡がなければ，ナスフラスコを水浴に漬けて濃縮をはじめる．
⑥サンプル量が2分の1になったら，ナスフラスコを水浴から上げ，回転を止める．
⑦吸引コックを開ける．
⑧吸引ポンプのスイッチを止め，ナスフラスコを取り外す．
⑨冷却循環装置の送液を止める．

2.3 凍結乾燥機

　生物学的試料の保存の方法としては，凍結するか，乾燥するか，どちらかを選択する必要があった．どちらの方法も，水分を含んだ物質を劣化させるような化学的，生物学的変化をかなり防ぐことができる．しかし温度を下げずに乾燥すれば，本来避けなければならない生物学的変化をもたらす可能性が大きくなる．
　現在では，凍結乾燥が主流である．この凍結乾燥では，室温で，冷却した状態で乾燥したものが得られ，生物試料のもつ本来の性質をできるだけ失わ

ずに長期保存できる．近年になってこの方法は，生産と研究の両方に利用されるようになり，各分野に利用されている．

物質の収縮など形状が変化しないことや，氷の状態のまま低温で処理するので熱に弱い物質の乾燥に適していることが特徴である．

【操作方法】

凍結乾燥の手順としては，まず物質を予備凍結する．その後，次の二段階で行う．

①一次乾燥：氷が溶けず直接昇華し，物質が一定温度を保つ．
②二次乾燥：物質の中にまだ残っている水分の一部が気化し，物質温度が次第に上昇する．

2.3.1　必要な条件

物質の凍結乾燥に必要な基本的条件として，次のことがあげられる．

①サンプルの入った容器を溶着できるチャンバーまたは多岐管があること．
②水蒸気の流れを促進するための真空システムがあること．圧力を飽和蒸気圧以下に保たねばならない．
③昇華した水蒸気による真空ポンプの汚染を防止するための凝縮器があること（操作圧力の飽和温度以下とする）．

凍結乾燥を全体としてうまく行うには，そのプロセスの間，それぞれの物質に対する最適の温度と圧力差を作り出し，これを維持しなければならない．よって真空計と温度計が装備されていることも必要である．

真空は高真空になればなるほど熱伝導が悪くなるので，凍結した物質は熱が供給されない限りゆっくり乾燥することになる．氷を水蒸気に変えるための熱は氷の表面から供給されるはずである．その一部は凍結した物質を通して容器の壁から伝わり，一部は乾燥した固体自体を通じて伝わる（図2.3）．

凍結乾燥の速度は，熱が氷の表面にどれだけ早く達するかにかかっている．あまり多くの熱が加わると容器の内壁に接触している氷が溶けるか，乾燥した固体部の表面が焦げる．したがって特定の物質を失うことなく熱を加えられる速度は，その物質の許容温度に応じで決まる．乾燥に要する時間をできるだけ短縮するために，物質の厚さを限定するのが一般的である．乾燥時間は凍結乾燥される物質の共晶温度に左右される．ほとんどの生物学的物質では，その温度は0℃より低く，－40℃より低いこともある．

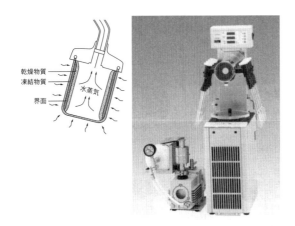

図2.3 凍結乾燥機の外観および内部と乾燥メカニズム

　図2.3に示しているのが市販されている凍結乾燥器の概略図である．冷却サイクルの凝縮器に相当するコンデンサー，物質を収容する真空容器（チャンバーまたは多岐管），真空ポンプの三つの基本要素で構成される．

2.3.2 凍結乾燥の長所

　水に溶解した試料を濃縮してHPLC装置に注入しなくてはならない場合，凍結乾燥は有力な方法である．特に，分析対象物質が熱に不安定な場合はきわめて有効である．水は他の溶媒，特に有機溶媒と比べて粘性も沸点も高い．このため，水溶液試料を液体のまま濃縮する場合には，突沸に注意しながら長時間加熱する必要がある．これに対して，凍結乾燥では突沸は起こりにくい．また，試料に熱を加える必要もなく，処理開始から終了まで低温下で処理できる．タンパク質の前処理に凍結乾燥がよく利用されるのもこのためである．また，高い濃縮率が必要な場合も凍結乾燥は有効である．時間をかければほぼ完全に水分を除去でき粉体化できる．

　なお，分析対象物質が低分子の場合は，水分を除去し粉末化することで水溶液よりも安定性が向上する物質が多い．凍結乾燥後，HPLC分析に供するまで試料を安定に保存できることも長所の一つといえるであろう．

2.3.3 操作上の注意

①ガラス製フラスコはひびや傷がつきやすいので確認してから使用する．温度の急激な変化やアルカリ溶液の使用によりフラスコが破損するおそれがある．アルカリ溶液使用後は必ず温湯，純水で洗浄しておく

②試料溶液はフラスコの内壁に薄く，均一に付着するようにフラスコを回転させながら凍結させる．迅速に凍結させ，溶解している化合物の濃度が均

一になるように工夫する.

③試料の液量はフラスコの容量の25％以下とする．また，凍結乾燥装置には少量のものから大量のものまであり，それぞれの装置に適した液量の範囲が決まっているので，それに準じて使用する

④試料に有機溶媒が含まれている場合は事前に除去しておくほうがよい．有機溶媒の混入は水の凝固点を下げるので，乾燥中に試料の融解を引き起こす．低沸点の有機溶媒（メタノール，エタノール，アセトンなど）は低温で高い蒸気圧をもつので，冷却トラップを通過して真空ポンプのオイル中に濃縮され，ポンプの性能を低下させる.

⑤塩濃度は数％であれば差し支えないが，高い場合は乾燥が進むにつれて塩濃度が上昇し，凍結していた試料が融解してしまう可能性がある.

⑥基本的なことではあるが，凍結乾燥装置使用後は接続口などをよく洗浄しておくことが大切である．特に塩酸，ギ酸，アンモニアなどの揮発性の酸や塩基を含んだ緩衝液を乾燥した後は，温水と蒸留水できれいに洗浄する.

⑦凍結乾燥装置は真空を保つために定期的に試運転とメンテナンスをする必要がある．装置内部はきれいにしておき，試運転と油交換をすることが大切である.

2.4　フラッシュクロマトグラフィー

近年，有機化学の分野において，分離，精製技術はますます重要になってきている．有機系研究室では，従来はTLC（薄層クロマトグラフィー）で目的とする物質を検出し，それを単離したいときはカラムクロマトグラフィーを行っていた.

しかし，カラムクロマトグラフィーは時間が非常にかかる．天然物の単離や反応成分の単離実験などにおいては，時間的な問題と同時にしばしば拡散による回収率の低下や目的物質の変性がネックになることもある.

そこで，分離能が高く，迅速であり，さらに安易に粗精製（汚染物質，夾雑物質などの除去）が行えるフラッシュクロマトグラフィーが開発され，現在では多くの研究室で分離，精製の手段として広く使われている．通常は15時間ほど要し，特に多成分系の分離では数日かかる場合もある．流出液の分取にはフラクションコレクターを用いる夜間運転を行い，途中で実験を中断しないようにする.

2.4.1　フラッシュクロマトグラフィーの原理と特徴

フラッシュクロマトグラフィーは，アメリカの研究者W. Stillらによって発表された方法で，比較的粒子径の細かい（20 ～ 60 μm程度）シリカゲル

表2.1 フラッシュカラムの寸法による試料量，充填量など

カラム内径 (mm)	流量 (mL/min)	溶媒必要量 (mL)	サンプル量 (mg) △Rf≧0.2	サンプル量 (mg) △Rf≧0.1	1フラクション量 (mL)	シリカゲル充填量 (g)
10	2〜3	100	100	40	5	約6.5
20	9〜12	200	400	160	10	約25
30	約25	400	900	360	20	約56.5
50	約65	1000	2500	1000	50	約156

などの充填剤を詰めたカラムを用い，加圧空気や窒素ガスなどの加圧下に溶媒を展開させ，分離を行う．分離能はオープンカラムによる方法と高速液体クロマトグラフィーとの中間に位置し，プレパックカラム（ローバーカラム）を用いる中圧液体クロマトグラフィーに匹敵する．数 mg から 20 g 程度の試料の分離に適しており，分離に要する時間も短く，特別な機器（自動送液ポンプ，試料注入装置など）も必要としない点が経済的である．

カラムの寸法，充填剤の量，流量，試料との関係などがわかれば，フラッシュクロマトグラフの設定に大いに役立つ（表2.1）．これをある程度は理解していないと，無駄な充填剤や溶液を使用することになる．

2.4.2 実際の手順

ではどのような手順で進めるのかを見ていこう（図2.4）．現在，順相系が主に使われており，粒子径の揃ったシリカゲルを用いるとよりよい分離ができる．20〜40 μm の粒子径をもつシリカゲルで1500段／30 cm，40〜63 μm のもので 800段／30 cm の理論段数が得られている．

実際には 40〜63 μm のシリカゲルを 15 cm 充填し，約 5 cm/min の線流速（内径 20 mm のカラムの場合は約 10 mL/min）で溶離液を流す．分離に要する時間は 10〜15 min で，約 10 mg〜数 g までのサンプルが分離できる．

前処理専用のフラッシュクロマトグラフを試作した．以下に特徴を示す．
① カラムの径が 20 mm と大きく，2カラム装備しているので，片方のカラムを洗浄している間に他方のカラムで分画できる．
② 組み立て式であり，5分程度で簡単に組み立てられる．
③ ステップグラディエント方式なので，順次考えながら溶離液が作成可能．
④ 分画速度もポンプ種類も変えることができる（5〜40 mL/min）．

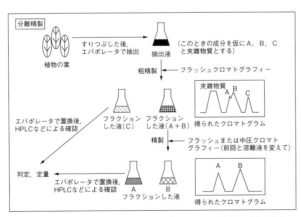

図2.4 フラッシュクロマトグラフィー活用の模式図

フラッシュクロマトグラフィーの特徴を以下に示す.
①分離に要する時間がわずかに 10 〜 15 分
②分離能が抜群
③回収率が 95% 以上
④フラクションのまとめ,整理が簡単
⑤使用する溶媒の量が少なくてよい
⑥同一カラムを繰り返し使用できる

　図 2.5 のような分離帯を得るには溶離液の選択が必要である.あらかじめ TLC を行い,溶媒系(溶離液)を選択する.

図 2.5　前処理のための分離パターン例

クロマト小道具❷

便利な小型 pH 計
HPLC の溶離液の作製,特に緩衝液の作製では pH 調整が重要である.グラディエント法を利用する場合は,溶離液の pH を変化させることも多い.こういうときには大きい pH 計は扱いにくいので,小型の pH 計を用いるとよい.ビーカーの中に差し込むこともできる.

ティッシュペーパーを使いこなす
実験中には,よく液がこぼれる.ふき取らずに放置しておくと,大きなトラブルにつながることもある.拭うだけでよいなら普通のティッシュペーパーを,雑菌や不純物が入っては困るときはキムワイプを,状況に応じて使うことが大切である.また,配管メンテナンスの際,しばしば,液を流しながら(気泡をカラム配管内に入れないために)作業する.このときには,厚手のティッシュペーパーが重宝である.管に巻き付けたり,下に敷くなどして用いるとよい.

ミニ遠心器は重宝
試料中の成分を測定する際,純品で検量線を作成し,実サンプルの分析にとりかかる.この実サンプルは純品とは違い,99% 以上が不要分子である(微量分析の場合).この不用物を除くために,ろ紙や HPLC 用フィルター(0.45 μm サイズ)で前処理を行う.しかし,HPLC 用フィルターは目が細かく,高価で,すぐ目詰まりする.このとき,ミニ遠心器が重宝する.ミニ遠心器で分離した後に HPLC 用フィルターで前処理を行えば,フィルターを 10 〜 20 倍長く使うことができ,経済的である.

① TLC プレートに試料をスポットする.
② さまざまな溶媒系で展開し,最も下のスポットが Rf 0.25 以下となるような溶媒系を検討する*2. 順相系で最もよい溶媒組成はヘキサン－酢酸エチル系である.

*2 $Rf \geq 0.35$ の物質はすべて分離してくる. $Rf \geq 0.35$ ではその物質は分離してこない（カラムから出てこない）. △ $Rf \geq 0.2$ が良好な分離が得られる条件である.

2.4.3 携帯用クロマトグラフ

また,環境分析などの現場での試料の分画に適しているのも,このフラッツシュクロマト装置である. 大量の河川水を運んで研究室で分離するのではなく,その河川の現場でフラッツシュクロマト装置のカラムに必要な成分だけを保持させて,もち帰って精製,HPLC 定量することができる（20 kg もの試料を 20 g のカラムに置き換えることができる）. 図 2.6 は,携帯クロマトグラフの 1 号機である.

図 2.6 携帯できるクロマトグラフ
ジェイ・アイ・サイエンス研究所製.

2.5 水蒸気蒸留法

水蒸気蒸留法は沸点の高い目的物質を,水蒸気とともにその沸点よりも低い温度で留出させ,水とともに冷却捕集する方法である. 水蒸気蒸留法は不純物の含量が少ないため,その後の精製や測定におおいに役立つ方法である.

水蒸気蒸留法は水に溶けにくい物質に対して有効な手法でもある. また,試料を分解生成した後に出てくるアンモニアを水蒸気蒸留で捕集することもできる. 水の凝縮熱は高いので,水冷管は通常は長くする必要がある.

試料成分の沸点差ではなく,蒸気圧の差で分別するので,必ずしも沸点の低いものから順番に留去されるとはいえない. 分離の理論段数は高くないので,分離抽出ではなく製法での利用が多く,ハーブなどからエッセンシャルオイル（精油）を工業的に取り出すときなどに利用されることが多い.

水蒸気蒸留装置は,多くの成分抽出に活用されている他,食品添加物の定量法にも利用されている（表 2.2）. 具体的には,食品中の抗菌性成分であ

る安息香酸および安息香酸ナトリウム,ソルビン酸およびその塩類の水溶液中から必要な成分を抽出し,その後,フィルター操作を施してからHPLCで定量する.

【操作方法】

図2.7も参照.
① 水蒸気を試料が入っている蒸留容器に導入する.
② 蒸留容器は加熱状態にしておいて,容器内に加熱水蒸気を送入し,流出してくる加熱水蒸気(試料の低沸点化合物も混ざっている)を水冷管で冷却して,試料の低沸点化合物を水とともに冷却捕集する.

表2.2　分析対象物質とHPLCの定量下限の例

分析対象物質	前処理方法	定量機器	定量下限
安息香酸および安息香酸ナトリウム	水蒸気蒸留法	HPLC	0.01 g/kg
ソルビン酸およびその塩類	水蒸気蒸留法	HPLC	0.01 g/kg
デヒドロ酢酸ナトリウム	水蒸気蒸留法	HPLC	0.01 g/kg
パラオキシ安息香酸エステル類	溶媒抽出法	HPLC	0.005 g/kg
パラオキシ安息香酸エステル類	水蒸気蒸留法		0.005 g/L
プロピオン酸およびその塩類	水蒸気蒸留法	HPLC	0.1 g/kg

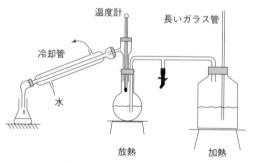

図2.7　水蒸気蒸留装置

2.6　薄層クロマトグラフィー

本節では前処理のための薄層クロマトグラフィー(TLC)の使い方を説明する.目的成分を原料から抽出した場合,その目的成分が本当に抽出されているか,あるいは除去した溶液中に目的成分が残っていないかなどをチェックする場合に,TLCは非常に手軽で便利である.コストも低減できる.

薄層クロマトグラフィーには大きく分けて,薄層クロマトグラフィー(TLC),分取薄層クロマトグラフィー(PTLC),高性能薄層クロマトグラフィー(HPTLC)の3種類がある.薄層クロマトグラフィーはガラスのプレー

トにシリカゲル（順相），アルミナ，化学修飾型シリカゲルなどの吸着剤を一定の厚さに展着させて薄層板に試料を塗布し，溶媒を展開させ，Rt 値を求め，定性分析あるいは定量分析を行う方法である．前処理として特に有用なのは PTLC であろう．表2.3 のように，化学修飾型 TLC は多く開発されているので，活用してほしい．例として，試料中のフェノールの定量時の前処理に TLC を使う場合を説明する．

①シリカに NH_2 基を結合させた薄層板に試料を添付させる．この際，NH_2 基を結合させた薄層板は厚めのものがよい（1.0 mm）．試料の添加量も分析用の5倍程度にする．

②アセトン，クロロホルム 50% 混合溶媒で，5種類のフェノールを分離できる．

③この分離ゾーンを細かいスパーテルなどでかき集めて，フェノール系化合物をよく溶解する溶媒で抽出する．

④この段階でかなり精製された試料になっているのでフィルターしないで直接 HPLC へ導入してもよい．

表2.3　化学修飾型 TLC の種類

タイプ	略名	官能基（R）	特徴
逆相タイプ	RP-2	ジメチルシリル	脂質，多環芳香族などの無極性，または低極性物質の分解，イオンペア放を用いた塩基性または酸性物質の分解に適する．
	RP-8	n-オクチルジメチルシリル	
	RP-18	n-オクタデシルジメチルシリル	
NH_2 タイプ	NH_2	プロピルアミノ	カルボン酸，スルホン酸，リン酸，ヌクレオチド，ヌクレオシド，核酸塩基，フェノールなどの分解に適する．
CN タイプ	CN	γ-シアノプロピル	順相，逆相いずれかの分離モードにも対応．ステロイド，フェノール，アルカロイドなどの分離に適する．

【操作方法】
① TLC プレートに試料をスポットする．
②さまざまな溶媒系で展開し，最も下のスポットが Rf 0.25 以下となるような溶媒系を検討する[*3]．順相系で最もよい溶媒組成はヘキサン－酢酸エチル系である．
③ TLC の Rf 値で物質を同定する．

*3　Rf ≧ 0.35 の物質はすべて分離してくる．Rf < 0.35 の物質は分離してこない（カラムから出てこない）．△Rf ≧ 0.2 が望ましい分離が得られる条件である．

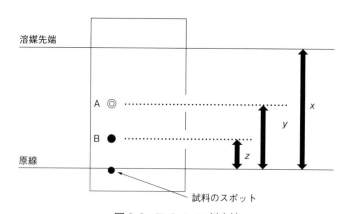

図2.8　TLC の Rf 判定法
Rf＝原線からスポットの中心までの距離／原線から溶媒先端までの距離

　Rf 値は，その物質が TLC 上で，どのくらい移動したかを現すものである．この値が大きいほど移動速度が速く，TLC の上のほうにその物質のスポットが見える（図2.8）．これをカラムに置き換えると，カラム内の移動が速いことになる．つまり，Rf 値が大きいほど速く溶出する．Rf は次式で求められる．

　図2.8のスポット A の場合は，$Rf = y/x$ である．ΔRf は二つのスポットの Rf 値の差であり，たとえば図2.8の A と B の場合は，$\Delta Rf = y/x - z/x$ である．

　TLC 発色試薬には多くの試薬が利用できる．これらの試薬名とその使用法を表2.4に示す．検出方法もあわせて理解しておく必要がある．

　その他に，TLC プレートの表面に UV ランプを照射し紫外線の発光を確認する場合もある．

2.7　超音波振動機（洗浄機）

　超音波洗浄機は，20～50 kHz の超音波を用いて洗浄する装置である．器具の洗浄の他に，溶媒の脱気や，溶解しにくい溶質を迅速に溶解させる場合に有効である．小型のものから大型のものまであるが，前処理目的であれば数百ワットのものでよい．水を媒体として振動を伝えるため，槽に水を張る必要がある．詳しくは5.5節を参照．

2.8　粉砕機（ブレンダー）やミキサーによる磨砕

　この方法は最も広く用いられ，対象となる試料も動物，植物，微生物にまたがっている．材料を大量に処理する場合に特によく用いられる．動物組織（とくに筋肉など）を磨砕するときは，あらかじめ肉挽機で大まかにつぶし

表2.4 TLC発色試薬の使用法と検出状況

TLC発色試薬 名称	使用法	検出状況および対象
濃硫酸	噴霧後加熱(100～120℃)(ドラフト内)	有機化合物は黒色スポットとして検出
硝酸	噴霧後加熱	
ヨウ素	密閉ガラス容器にプレートを入れ，底に少量のヨウ素と入れて水浴上で加温，生じたヨウ素蒸気により発色	有機化合物は褐色スポットとして検出
三塩化アンチモン	25%飽和クロロホルム溶液として使用．噴霧後10分間加熱（100～110℃）	種々の色に検出 ステロイドその他に適用
重クロム酸－硫酸	噴霧後加熱（100～110℃数分間）	有機化合物は黒色スポットとして検出
過マンガン酸カリウム－硫酸	プレートを約10分間加熱．展開溶媒を除去後，50℃に冷却して噴霧	
ニンヒドリン	ニンヒドリンの0.2%ブタノール溶液95mL＋10%酢酸水溶液5 mL→噴霧後10～15分間で120～150℃に加熱	アミノ酸，アミノ糖類は青色を呈する
ブロムクレゾールグリーン	水：メタノール（20：80）の0.3%溶液100 mL（30%水酸化ナトリウム数滴添加）	カルボン酸類は黄色スポット（バックは緑色）として検出
2,4-ジニトロフェニルヒドラジン	2,4-ジニトロフェニルヒドラジンの0.5%塩酸（2M）溶液	アルデヒドおよびケトン類は黄～赤色スポットとして検出
ドラーゲンドルフ試薬	溶液Ⅰ：次硝酸ビスマス1.7 g＋蒸留水/酢酸（80/20）100 mL 溶液Ⅱ：ヨウ化カリウム40 g＋蒸留水100 mL（溶液Ⅰ5 mL＋溶液Ⅱ5 mL＋酢酸20 g，蒸留水70 mL）の混液として使用．2～3週間保存可	アルカロイドおよび有機塩基は橙色を呈する

たものを用いるとよい．

2.8.1 粉砕機による摩砕

ホモジネートの濃度は10～20%程度とし，6000 rpmで約2分間処理する．動物，植物ともにこの条件が一般的であるが，壊れにくい組織なら，途中に休みを入れて内容物を冷却しながら，3～5回磨砕する．

例として，筋肉，肝臓の磨砕（グリコーゲンの抽出）をあげる．試料に4

倍量のグリシン緩衝液(pH 10.5)と2倍量の水洗いしたクロロホルムを加え，2〜4℃にし，Warigブレンダーで磨砕する．180×G（遠心力），4分間遠心分離して水層を分離し，中間層とクロロホルム層に2倍量のグリシン緩衝液を加えて再利用する．この操作を5回繰り返し，得られた水層を合わせて−20℃で凍結する．

2.8.2 乳鉢による磨砕

動物・植物材料の細胞破壊に対してはかなり効果的で，かつ簡便である．処理量の少ない場合の磨砕法として特に重宝である．試料をよく溶解する抽出剤とともに乳鉢ですりつぶし，それでも破壊しにくい試料は硬い石や石英粉をまぶして磨砕する．アルミナ粉やガラス粉末を使う場合もある．

2.8.3 ポリマー，エンジニアプラスチックなどの粉砕

代表的なエンジニアプラスチックであるポリエチレン，ポリプロピレン，ポリカーボネートなど，硬い材料が普及しているが，これらを容易に粉砕できる装置も発売されている（図2.9）．液体窒素中で粉砕する装置である．

ポリマーを微粉末化することによって，高分解能な固定NMRスペクトルが測定できるようになる．ポリマー解析の前処理として有効である．

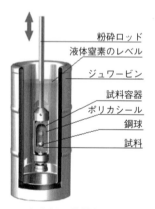

図2.9　日本分析工業社製 JFC-300/2000

2.9　うまく前処理できたかどうかを判定する

うまく判定することが，前処理のコツである．揃えておきたい機器を以下にあげる．

2.9.1　pH計

5.1節で詳しく述べるので，ここではpH計の種類とその利用法を中心に

記す．超精密用 pH 計は高価なので，前処理用には適していない．精度は少し落ちるが，5 〜 8 万円程度のもので十分である．混合液あるいは抽出液の pH チェックなら，これで十分である．小型のハンディータイプのものがとても使いしやすい．研究室に 2 〜 3 個あってもよいだろう．

　前処理段階では HPLC 溶離液ほど緻密な pH 値は要求されないので，原料，抽出液，濃縮液などの pH を大まかにチェックすればよい．ただし HPLC に注入するための試料溶液が，pH の変化により沈殿などが生じやすい場合は，pH 域を正確にチェックする必要があるので，汎用されている中型の pH 計でチェックするとよい．

2.9.2　屈折計

　屈折計は HPLC 用の高精度のものから，簡単なハンディータイプのものまで，多くの種類が販売されている．前処理のチェックに使用するなら，ハンディータイプのもので十分である．

　試料溶液の濃度，抽出液の濃度，中間処理体の濃度などを大まかに知りたいときに使用する．大まかな残存量や目的成分の濃度は，ハンディータイプの屈折計で十分把握できる．詳しくは 5.2 節を参照．

2.9.3　薄層クロマトグラフィー

　薄層クロマトグラフィー（TLC）は 2.6 節でも示したように，前処理における簡単なチェック法として非常に有用である．薄層クロマトグラフィーの装置には，超精密分離の TLC デンシトメトリーのような装置もあるが，前処理では精密な分離は必要ではないので，市販の TLC 板を購入し，ガラス切りなどで小さく切り，溶媒に漬け込んで用いる．

　目的成分が原料に含まれている場合，少量なのか大量なのかあらかじめ TLC でチェックできる．また，タンパク質や脂質などが試料中に混在しているのかいないのかなどをチェックすることも出来る．

　たとえば，アントシアニン類を分取して HPLC で精密に含有量を求めたい場合，フラッシュクロマトグラフィーのゲルにアントシアニン類を保持させていくが，各種分画液にアントシアニン類が溶出してきているかどうかを TLC で判断できる．フラッシュクロマトグラフィーは各試料の前処理法としてとても有用であるが，その分画の度合いはすみやかに判断する必要がある．その際に TLC によるチェックが必要なのである．

2.9.4　汎用小型 HPLC

　市販されている液体クロマトグラフィーは，ユニット（モジュール）を組

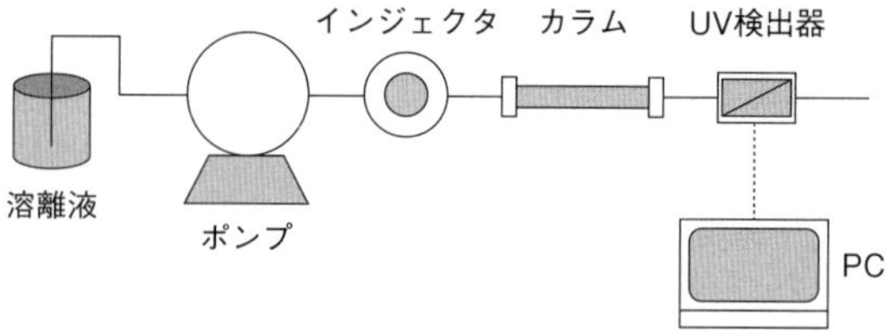

第2章　各種装置を前処理に活用

図2.10　汎用小型 HPLC の例

み合わせると，装置も大きくなり高価になる．そのため，分析目的に合ったカスタマイズされた HPLC を作るとよい．作るといっても，各ユニットを配管や配線でつなげるだけである．

図2.10 にその構成の例を示す．TLC の代わりとして，この小型 HPLC がとても便利である．TLC と小型 HPLC を併用して，前処理の判定装置として利用するのが主流になっていくであろう．

構成部品の例を以下に示す．

溶離液の容器：基本的になんの容器でもよいが，ネジ口が狭いほうが蒸発・吸水がなくてよい．500 〜 1000 mL ネジ口付きメジュームビンなどがよく用いられる．有機溶媒の場合は褐色がよい．

ポンプ：プランジャー式ポンプ*4 は，システムコントローラがなくても単独で動作するものがよい．分析カラムを主に使用するため，流速 10 mL/min，耐圧 30 MPa があれば十分である．

インジェクター：Rheodyne 社製 #7725i, 20-200 μL のサンプルループが必要．安価な日本製もあり，理化学機器商社より購入できる．

カラム：ODS/ SIL/ SEC/ GPC．$\phi 8 \times 250 \sim 500$ mm などが使いやすく，カラムオーブンがあればなおよい．再現性，分離度がともに向上するためである．

配管：SUS 1/16" ID：0.5 mm.

接続継手：ウォーターズタイプ 10-32 押しネジ．

検出器：UV もしくは RI 検出器．単独で動作しアナログ出力があるものがよい．

PC とソフトウェア：A/D 変換器を介してノート PC へ USB で取り込む方式の簡単なクロマト表示ソフトが販売されている（日本分析工業 JDS シリーズなど）．

*4　プランジャーはポンプ心棒のこと．シリンダー内を往復して流体を圧送する円筒形，棒状もので，一台のポンプに通常は 2 本あり脈動を抑えるために交互に動く．

2.10　演 習

[1]　アミノ酸 0.2%，ペプチド（分子量 2500 〜 3000）0.2%，食塩 0.1% を含む試料がある．このうちペプチドを分取し，正確な分子量を HPLC で

求めたい．このときの前処理法を示せ.

2. 油と水が同量混合された試料が約 100 mL ある．分液ロートを用いて油分を分離する方法を示せ．また，分離した油分を 2 ～ 3 日間ストックしたい．このとき，酸化を防ぐにはどうすればよいか.

3. 薄層クロマトグラフィーの前処理判定の方法とチェック技法について記せ.

4. HPLC とフラッシュクロマトグラフィーとオープンカラムクロマトグラフィーを比較し，どのように使い分けるかを説明せよ.

5. 原料から有用成分抽出する方法の一つに蒸留がある．次の蒸留法の特徴を述べ，比較せよ.
①常圧蒸留法　　②減圧蒸留法　　③水蒸気蒸留法

6. エバポレーターで濃縮する際には，化合物の沸点を考慮する必要がある．次の溶媒について，沸点の低いものから順に並べ，有害性の低いものには○を記せ.

（メタノール，エタノール，クロロホルム，ヘキサン，プロパノール，アセトン，アセトニトリル）

7. 試料を凍結乾燥器で粉末を作成する場合，溶液中にアセトニトリル 25％含有されている．このままで行うと装置に悪影響を及ぼす，その理由を記せ．そしてアセトニトリル 25％を除く方法について記せ.

8. イオン交換樹脂を用いて試料を脱塩したい．どのイオン交換樹脂を選べばよいかを説明し，実際の方法を示せ．また，多量処理に適している分画法についても述べよ.

9. (1) スルホン化された陽イオン交換樹脂に Na^+ の陽イオンを含む水を通すとどのように交換されるのかを化学式で示せ．次に Na^+ に代わった樹脂に多量の塩酸を使って再生する．その交換式を化学式で示せ.

(2) 次に，陰イオン交換樹脂に詰め替えて，Cl^- の陰イオンを含む水を通すとどのように交換されるか化学式で示せ．また，この樹脂を再生するには，アルカリ溶液を用いる．そのイオン交換を化学式で示せ.

10. 陽イオン交換樹脂と陰イオン交換樹脂を組み合わせると純水が生成する．そのメカニズムを示せ.

36 ●━━━●第 2 章　各種装置を前処理に活用

[11]　フラッシュクロマトグラフィーにおいて，試料の目的成分が保持されず，
Rt の小さいところにピークが表れる．充填剤は ODS ゲルを使用してい
る．保持力を上げるゲルの選び方を示せ．

第3章

前処理の具体例

はじめに

第1, 2章で, 不要成分の除去法と, 機器類の利用法を示した. 本章では, これらの手法を使って目的成分を測定する方法を具体的に解説していく. 目的成分の含有量を求めたり分離精製する際の前処理をどのように工夫すればよいかを実例で説明する. 本章を参考に, 自ら創意工夫して, よりよい実験を行ってほしい.

3.1 イオン交換クロマトグラフィーによる核酸系旨味物質 (5'-IMP, 5'-GMP, 5'-XMP) の分析

3.1.1 概 要

食品の旨味成分にはアミノ酸, 核酸, 有機酸などがあり, 調味料として幅広く利用されている. そのうち, グアニル酸(5'-GMP), イノシン酸(5'-IMP), キサンチル酸 (5'-XMP) も核酸系旨味物質として利用されている. その旨味の強さは, 5'-GMP, 5'-IMP, 5'-XMPの順である. したがって多く使われているのは, 5'-GMPと5'-IMPである.

天然の食材については, シメジの旨味成分のプリンヌクレオチドには5'-GMPではなく5'-XMPが多く含まれている. 一方, シイタケには5'-XMPよりも5'-GMPが多く含まれている. このように, キノコの品質評価の基準の一つとして, プリンヌクレオチドの5'-GMP, 5'-XMPの量が用いられている. また, キノコ類の旨味成分のプリンヌクレオチドは, 調理により含量が変化するという報告もある. これらのプリンヌクレオチドの分析には, 以前は分光光度計などが用いられており, 個別に測定されていた. 現在では, 液体クロマトグラフィー (HPLC) が普及し, 汎用されている[*1].

本実験では, 陰イオン交換樹脂のカラムと溶媒系について比較検討した. その結果, 陰イオン交換樹脂は, ジエチルアミノエチル基をもつカラムよりも, 3級アミノ基をもつカラムのほうが分離能が高いことを確認した. その

[*1] HPLC法を用いた各種ヌクレオチドの分析は数多く報告されているが, 旨味成分のプリンヌクレオチドに的を絞った分析は見当たらない.

結果をふまえて，陰イオン交換カラムを用いたアイソクラティック溶離法で
5'-GMP，5'-IMP，5'-XMP を分析した.

3.1.2　カラムの選定

　標品の 5'-IMP，5'-GMP，5'-XMP を使って検量線を作成し，市販の調味
料を定量する. 陰イオン交換クロマトグラフィーのカラムには，ジエチルア
ミノエチル基をもつもの（DEAE カラム）と 3 級アミノ基をもつもの
（WAX-1）の 2 種類を用いた.

　この二つのカラムの分離度と理論段数を比較するために，同じ条件で実験
を行った. その結果，3 級アミノ基をもつカラム WAX-1 のほうが，ジエチ
ルアミノエチル基をもつ DEAE カラムよりも明らかによかった. 特に Rs（分
離度）は，5'-IMP と 5'-GMP では 50%，5'-GMP と 5'-XMP では 75% もよかっ
た. 理論段数についても，WAX-1 のほうが DEAE よりもよかった. その
要因として，次の三つがあげられる.

・陰イオン交換クロマトグラフィーでは，3 級アミノ基をもつ WAX-1 のほ
　うがジエチルアミノエチル基をもつ DEAE よりもプリン骨格の差や，
　NH_2，OH，H などの官能基を認識できている.
・WAX-1 の充填剤表面は有機ポリマーで皮膜されているため，残存シラ
　ノール基による影響が抑えられている.
・HPLC の溶離液としてリニアグラディエントを確立した.

　以上から，市販の調味料の核酸系旨味物質（5'-IMP，5'-GMP，5'-XMP）
の分析に適しているのは，WAX-1 であることがわかった.

3.1.3　実際の実験
【試薬】
グアニル酸（guanylic acid, 5'-GMP），イノシン酸（inosinic acid, 5'-'IMP），
キサンチル酸（xanthylic acid, 5'-XMP）は特級を用いた. その他の試薬も，
すべて特級を用いた. 表 3.1 も参照.

【HPLC 装置と使用カラム】
HPLC 装置：島津製作所 SCL-10A（紫外検出器とデータ処理機 C-R7Aplus
　　　　　　が付属）
カラム：サーモ社製 Mixed-Mode WAX-1

3.1 イオン交換クロマトグラフィーによる核酸系旨味物質（5'-IMP，5'-GMP，5'-XMP）の分析

【試料の前処理】

食品素材として，シイタケ，カツオ節，シメジ（いずれも乾燥物）を用いた．それぞれ5.0 gを天秤で精秤した．それぞれに100 mLの純水を加えて75 ℃で5分間混合し，抽出した．冷却後，0.5 mLの酢酸を加え[*2]，純水で100 mLにメスアップした．その溶液をNo. 6のろ紙でろ過した．

次にアミノ酸類を除去するために，フラッシュクロマトグラフのミニカラムに5 gの活性炭を詰めて装着．この活性炭カラムに試料溶液20 mLを添加し，純水30 mLで溶出した．ここでアミノ酸類を溶出させ，ヌクレオチド類を活性炭に保持させた．

次にヌクレオチド類を溶出させるためにアンモニア−エタノール液25 mLで溶出させた．溶出液をエバポレーターで濃縮し，正確に20 mLにメスアップした．その10 mLとHPLC溶離液10 mLを混合し，0.45 μmのメンブレンフィルター（ザルトリュース製）を通して精製試料とした．5'-IMP，5'-GMP，5'-XMPの各5～20 mg/100 mLを0.05 molリン酸緩衝液（pH 3.2）で調整したものから検量線を作った．各ピークの面積をデータ処理機C-R7Aplusで求めた．

[*2] 酢酸を加えたのはカラム処理の際にヌクレオチド類を活性炭によく保持させるためである．

表3.1 実験条件

カラム	WAX-1
移動相	0.05 molリン酸緩衝液（pH 3.2と4.5），5 % CH₃OH
感度	UV 260 nm
サンプルの量	10 μL
カラム温度	27 ℃
流出速度	0.5 mL/min

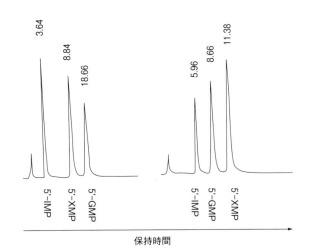

図3.1 実験から得られたクロマトグラム

40 ●━━━━●第3章 前処理の具体例

3.1.4 結果

実験の結果，図3.1のクロマトグラムが得られた．Rt が短い範囲で，3種類の核酸系のヌクレオチドを陰イオン交換カラムで正確に定量できた．加工食品の旨味成分測定に有効に利用できる（調味料製造中の品質管理など）．

3.2 ビール酵母エキスの呈味ヌクレオチドの分画

3.2.1 概要

加工食品（調味料や菓子類など）の調味原料として，近年，化学調味料でない天然素材系酵母エキスが使われるようになってきた．その消費量は，この20年間，毎年5%前後増加している．企業の研究も進み，さまざまな呈味ヌクレオチド含有製品が供給されている[3]．

*3 本研究はミニプラント開発の基礎研究になったものである．

本実験では，微生物醗酵により製造された各種の酵母調味料を，フラッシュクロマトグラフィーで分画した．分画部の呈味性を5人のパネラーにより判定した．そして旨味の強い分画部の中のヌクレオチド（5'-GMP，5'-IMP，5'-UMP，5'-XMP）を定量した．

3.2.2 実際の実験

【試料と試薬】

試料は業務用の酵母エキスを用いた．試薬は酢酸とエタノールを用い，充填剤としてコスモシール C_{18}-OPN を使用した．その他の試薬は和光純薬特級を用いた．

【試料の前処理】

酵母エキス粉末5gをとり，温湯 150 mL に溶解した．その後，No.2 のろ紙でろ過し，純水で 200 mL にメスアップした．その溶液 40 mL を充填剤コスモシール C_{18}-OPN を充填したフラッシュクロマトグラフィーで分取した．

表3.2 フラッツシュクロマトグラフィーの実験条件

カラム	ODS カラム（Cosmosil ODS-PPEN） 20.0 ϕ × 150 mm
溶離液	① 5%CH_3OH ② 25% CH_3OH ② 95% CH_3OH 1%CH_3COOH 含有 （ステップグラディエント 30分）
検出器	目視（TLC）
試料量	50 mL
カラム温度	25 ℃
流速	40 mL/min

試料の 50 mL を充填剤コスモシール C_{18}-OPN を充填したフラッシュクロマトグラフィーを用いて分画した（表3.2）. 0.1％酢酸を含む5％, 25％, 90％エタノール溶液を 100 mL でステップグラディエント溶出したものを分画溶離液に用いた. 溶出液の濃縮はエバポレーターで行い，濃縮後に各 10 mL とした.

【5'-GMP の定量】

1～10 mg/100 mL の範囲で 5'-GMP の検量線を作成した. 次に各試料（BRIX 濃度固形分，約 0.5％）を 10 μL 注入して，同一条件で HPLC を行った. 被検試料のクロマトグラムのピーク面積から 5'-GMP を定量した. 分析条件は以下の通りである（表3.3）.

表 3.3　HPLC の条件

カラム	DEAE 2SW TSK
移動相	0.05 mol リン酸緩衝液（pH 2.7），5％ CH_3OH
感度	UV 260 nm
サンプルの量	10 μL
カラム温度	24～28 ℃
流出速度	1.0 mL/min

3.2.3　結果

実験の結果，図 3.2 のクロマトグラムが得られた. ビール酵母エキスの呈味成分はアミノ酸とヌクレオチド類からなる. その中のヌクレオチド類の分析は上述の HPLC が適しており，安定性も高い. なおこの実験は天然物の核酸呈味物質の定量にも応用できる.

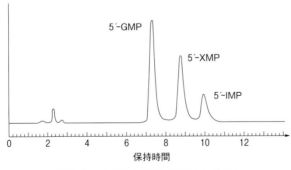

図 3.2　イノシン酸のクロマトグラム

42 ●───●第3章　前処理の具体例

3.3　粉末化によるアントシアニン類の抗酸化能保持

3.3.1　概要

　機能性食品の粉末を製造するときは，スプレードライヤーを用いて液体を粉末にしていく．この際に活性物質（本実験では抗酸化能）の劣化を抑えることが必要である．本実験では，分取した液体試料にシクロデキストリンを加えて，その包接作用によって抗酸化能が保持できるか検討する．本実験は分取と生理活性の保持を組み合わせた，融合的内容といえる．

3.3.2　実際の実験

【試料と試薬】

岡山県産の山ブドウ（Vitis Coignetiace Pulliant）

酢酸，エタノール，シクロデキストリン（デキシパールγ100）

充填剤（ODS OPEN）

【装置】

フラッシュクロマトグラフ（自作装置，図3.3）

生物・化学発光法抗酸化能測定装置

スプレードライヤー

【粉末化と測定法】

　分取液中のアントシアニン類の量を計算し，シクロデキストリンを加えて（アントシアニン類含量に対して1：10，1：5，1：2，1：1）よく混合し，スプレードライヤーを用いて粉末化した．比較試料として，エバポレーターで処理した粉末とシクロデキストリンを混合して測定した．

　その粉末の抗酸化能を，生物・化学発光法抗酸化能測定装置と抗酸化能測定キットラジカルキャッチで調べた．

3.3.3　結果と考察

　今回の測定ではシクロデキストリンの含有量とアントシアニン類の含有量が1：1のものが最も収率が高かったが，さらにシクロデキストリンを増加させるとどうなるかを検証する必要がある．また，今回はシクロデキストリンの包接作用を期待しての実験に的を絞ったが，デキストリンとシクロデキストリンとの比較値も正確に把握しておく必要がある*4．

*4　粉体化の製法として，現在はスプレードライ法が主流であるので，今後も生理活性が減じない技法の創意工夫，研究は有意義であると考えられる．

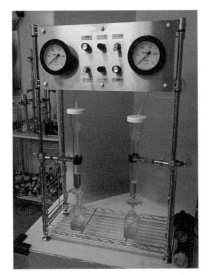

図 3.3 自作のフラッシュクロマトグラフ

3.4 ブルーベリー中のクリサンテミン含量の測定
3.4.1 概要

ブルーベリー中のアントシアニン類は，抗酸化作用や視力への寄与が注目されている．ブルーベリー中のアントシアニン類には多くの種類があるが，その中で含量の特に多いクリサンテミン（シアニジン-3-グルコシド，図 3.4）をHPLCで定量する．

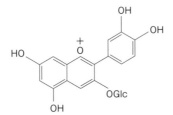

図 3.4 アントシアニンの一つ，シアニジン-3-グルコシドの構造

3.4.2 実際の実験
【装置と分析条件】

カラム：Cosmosil 5C$_{18}$-AR（4.6 ϕ × 250 mm）

検出器：VIS 530 nm

溶離液：A）0.1 % TFA + 1 % 酢酸 + 5 % アセトニトリル

　　　　B）0.1 % TFA + 1 % 酢酸 + 55 % アセトニトリル

　　　　（A 100 → B 100 %，リニアグラディエント法，40 分間）

44 ●──────●第3章　前処理の具体例

流速：1.0 mL/min

温度：24 〜 27 ℃

サンプル量：50 μL

【実験手順】

①ブルーベリーの重量の測定：ブルーベリーに付着しているゴミや虫などを取り除き，キムワイプ紙など水分や汚れを除く．その後，50 g を天秤で精秤する．なお穴の径のサイズも規定があり，必要な孔径を選ぶことができる（表 3.4）．

②ブルーベリー果実からアントシアニン類を抽出：ブルーベリー 50 g を 1.0 %酢酸溶液 250 mL に一昼夜つけ込んでおく．光の当たらない冷暗所で行うこと*5．

③抽出液のろ過：抽出液を細かめの金網に通し，皮，素ゴミなどを除く（素ろ過）．次に No. 2 のペーパーろ紙でろ過する*6．

その後，1.0 %酢酸溶液で正確に 250 mL にメスアップする．その 50 mL を採取し，ロータリーエバポレーターを用いて 40 ℃以下で 20 mL 弱まで濃縮し，1.0 %酢酸溶液で 20 mL にメスアップする．

この際，エバポレーター用丸底フラスコに 10 mL をよく溶解し，次に 8 mL を同様に溶解し，移してから全体を 1.0 %酢酸溶液でメスアップする．

*5　紫外線などで植物色素が変化する場合があるため．

*6　微細な No. 6 などを用いると目詰まりが激しく，ろ過に長い時間がかかる．ろ紙は試料抽出液の粘度を見て選択すること．ろ紙ではなく遠心分離を利用することも多い．

▢ クロマト小道具③

頼れるアジ化ナトリウム

　ゲルクロマトグラフィーでは，水溶液や緩衝液を利用する場合が多い．長時間の実験では，微生物汚染が心配である．このようなとき，アジ化ナトリウム溶液が効果的である（0.1 %以下で効果あり）．ただし，分析上影響のない実験系に限る．充填剤にカビが生えれば高価なカラムが無駄になるが，ここでもアジ化ナトリウムが有効である．エタノールにも同様の効果があるが，こちらは 10 %以上含有しないと制菌力は期待できない．活用頻度の高い ODS カラムの場合では，25 %程度封入して保存する．

紫外線照射器

　クロマトグラフィーの実験では，微生物の除去が重要である．よって，ビーカー，フラスコ，カラム，フィルターなどの器具は，洗浄した後に消毒するが，これには新生児向けの哺乳瓶消毒器が応用できる．この紫外線照射器は，値段も大きさも手ごろで，使用 10 分前に作動させておけば抗菌性が高まる．エタノールやアジ化ナトリウムを併用すればなおよい．

ガラスビーズでうまくいく

　フラッシュクロマトグラフィーは分画，分取クロマトグラフィーとして簡単に扱えて有用であるが，充填剤をクロマト管に詰め，上部から試料をしみ込ませようとすると，上部層の充填剤が巻き上がり，うまく平面上にしみ込まない．このようなときに，吸着性のほとんどないガラスビーズ（直径 200 μm 程度）を表面に数 nm の厚さ敷いておくと，充填剤が巻き上がらずうまくいく．

表3.4 ふるいの規格（目の開き）

JIS		タイラー	
μ	mm	メッシュ	mm
44	0.044	325	0.043
53	0.053	270	0.053
62	0.062	250	0.061
74	0.074	200	0.074
88	0.088	170	0.088
105	0.105	150	0.104
125	0.125	115	0.124
149	0.149	100	0.147
177	0.177	80	0.175
210	0.21	65	0.208
250	0.25	60	0.246
297	0.297	48	0.295
350	0.35	42	0.351
420	0.42	35	0.417
500	0.5	32	0.495

④ HPLC試料用フィルター：③の濃縮液2 mLをとり，同量のHPLC溶離液（この場合は0.1%TFA＋1%酢酸＋5%アセトニトリル水溶液）を加え，0.45 μmのHPLC用フィルターでろ過する．マイクロシリンジによる注入は10 μm．

⑤ アントシアニンの定量計算：シアニジン-3-グルコシドの純品で検量線を作成し，そのグラフから含有量を計算する．

3.4.3 結果

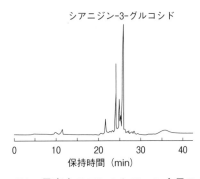

図3.5 ブルーベリー果実中のアントシアニン含量のクロマトグラム

実験の結果，図3.5のクロマトグラムが得られた．アントシアニンのシアニジン-3-グルコシドを中心に各種の成分が分取され，その各成分の抗酸化作用が測定された．

3.4.4 アドバンステクニック

よりクリーンな HPLC 試料が必要な場合は，素抽出液後，第 2 章で解説したフラッツシュクロマトグラフィーを用いてアントシアニン類を分画すればよい．充填剤は ODS を，溶離液はメタノール水のステップグラディエント溶出液を用いる．メタノール量が少ない溶液でアントシアニン類をカラムに保持させ，メタノール量が多い溶液でアントシアニン類をカラムより溶出させて分取する．濃縮方法や HPLC 試料用フィルターなどは 3.4.3 項の通りである．

3.5　基礎化粧品の BHT の含量の測定
3.5.1　概要

基礎化粧品には香りのよい脂溶性成分が含まれている．この脂溶性成分の変化を防止するために，抗酸化剤として BHT（トリヒドロキシベンゼン，図 3.6）などが用いられている．この BHT を HPLC での測定について，前処理を中心に具体的な手順を示す．

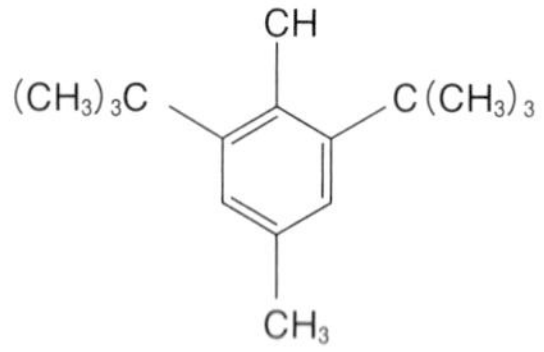

図 3.6　BHT の構造

3.5.2　実際の実験
【装置と実験条件】

カラム：ODS, 4.6 ϕ × 150 mm

検出器：UV 250 nm

溶離液：A）95 % MeOH + 5 % アセトニトリル

　　　　B）5 % CH_3OH + 95 % アセトニトリル

　　　　（A 100 → B 100 %，リニアグラディエント法，40 分）

流速：1.0 mL/min

温度：24 ～ 27 ℃

サンプル量：10 μL

【実験手順】

①整髪料からの BHT の抽出

基礎化粧品約 5 g を天秤で精秤する．この試料を MeOH に溶解させる．よく混合し，MeOH で 50 mL にメスアップする．その上澄み液 10 mL を採取する．遠心分離器で 4500 rpm で分離し，微粒子を除く．その上澄み液 5 mL を採取する．

② HPLC 注入のための前処理

①の上澄み液に溶離液 5 mL を加えてよく撹拌する．HPLC フィルター 0.45 μm で処理する．量は 50 ～ 100 μL で十分である．

③含有量の極端に少ない試料液の場合

BHT の含有量が極端に少ないことがあらかじめわかっている場合は，濃縮処理が必要である．上述の MeOH 50 mL でメスアップした後に，エバポレーター（設定温度は低いほうがよい．たとえば 30 ～ 35 ℃）で 5 mL まで濃縮する．すると，10 倍濃縮液となる．その後の処理は同じ．

④ HPLC への注入方法

オートインジェクターの場合は，その 2 ～ 10 μL を選択する（メーカーの機器設定による）．マイクロシリンジの場合は 5 μL を HPLC に注入する．注入量があまりに少ないと誤差を生じやすい．多すぎると，カラムとの兼ね合いでピークの理論段数，分離度が下がってしまう．

⑤後処理

80 ％の MeOH で分析したので，洗浄は比較的簡単である．次の分析が水溶性のものであれば，MeOH 濃度を徐々に下げていくとよい．付着物をきれいに取り除きたい場合は，0.1 モルのギ酸含有のアセトニトリルに置き換えることも効果的である．

3.5.3　結果

実験の結果，図 3.7 のクロマトグラムが得られた．基礎化粧品の抗酸化成分の定量は製品の品質管理において重要な項目の一つである．現在，5 ～ 7 種類の抗酸化成分が汎用されているので，HPLC による同時測定は有用である．

3.6　河川中の PAH の測定

3.6.1　概要

多環芳香族炭化水素である PAH（ポリアロマティックハイドロカーボン）が，発がん性のおそれがある化学物質として欧米をはじめ世界各国で規制されている．特に EU では，PAH 分子群について新たな品目に関しても規制

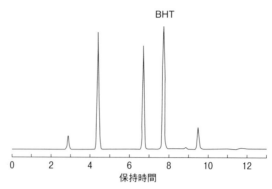

図 3.7 基礎化粧品の BHT のクロマトグラム

を実施している．

　PAH は polycyclic aromatic hydrocarbon の略で，日本語では多環芳香族炭化水素群となる．これは芳香環が縮合した炭化水素を表し，いくつかの化学物質が含まれる．PAH は不完全燃焼によって生じ，コークス工場の近くで採水した水などの中に見出される．あるものは発がん性物質として知られているため，工場跡地の汚染物質として憂慮されている．

3.6.2　分画処理

　目的物質の PAH は低極性溶媒のみに溶ける無極性化合物なので，分離様相系は極性の高い水系マトリックスがよい．固相充填物としては NH_2 と C_{18} を用いる．カラムには，0.8 g の NH_2 を 2.0 g の C_{18} の上に表面が乱れないように直接おく．

3.6.3　実際の実験

【装置と実験条件】

カラム：Wakosil-PAHs

移動相：$H_2O \rightarrow CH_3OH$　　リニアグラディエント（10 → 90％）

検出：UV254 nm

試料の量：10 μL

カラム温度：27 ℃

流速：1.0 mL/min

【実験手順】

①固相充填剤の前洗浄として CH_2Cl_2 と TCTFE（1,1,1-トリクロロトリフルオロエタン）を 20 mL 使用する．

②固相の充填剤のコンディショニングとして，それぞれ 25 mL のメタノー

ルと水で溶出する．
③前処理として，5 mL のメタノールを 200 mL の水系試料に加え，固相の上部から注入して PAH を固相充填剤に保持させる．
④PAH の溶出は TCTFE 25 mL で行う．溶出が不十分と考えられるときは，5 mL 余分に追加してもよい．試料の濃度により，適宜エバポレーターで濃縮後，HPLC 溶離液でメスアップする．注入前に 0.45 µm フィルターでろ過する．

3.6.4 結果

実験の結果，図 3.8 のクロマトグラムが得られた．通常よく用いられる紫外吸光度検出器を用いて，16 種類の PAH を 20 分以内で迅速に測定できた．クロマトグラフィーの溶離液は逆相系のリニアグラディエントである．

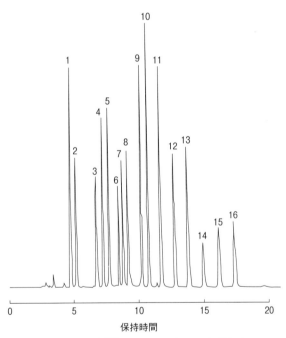

図 3.8　16 種類の PAH のクロマトグラム

3.7　青魚類に含まれる油脂成分 DHA と EPA の分離・分取

3.7.1　概要

DHA と EPA はイワシ，マグロ，サバなどの青魚に特に多く含まれ，近年，健康食品として広く利用されている（図 3.9）．特に EPA（オメガ 3 系の脂肪酸）は生活習慣病，動脈硬化，認知症予防などに効果がある期待されている．本実験では，リサイクル分取 HPLC を用いて，魚油から抽出された油

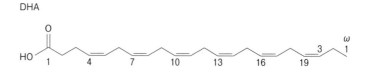

図3.9 DHAとEPAの構造式

脂に含まれるDHAとEPAをリサイクル分離して分取する．

3.7.2 実験
【分離モードの決定】
　図3.9からわかるように，DHAとEPAは似た構造をしており，分子量も近い．メタノールやアセトニトリルによく溶け，疎水性相互作用もあることから逆相カラムODSカラムを選択した．

カラム：JAIGEL-ODS-AP-L，SP-120-15　$\phi 20 \times 500$を1本

【溶媒の決定】
　目的物質はメタノール，エタノール，アセトニトリルなどによく溶ける．コスト面を考慮してメタノール100%を用いる．保持力が見られない場合は，水の比率を上げる．

【溶媒作成】
流速：9 mL/minで最大40分の時間がかかると想定し，溶媒の総量は360 mL × 4 ＝ 約1.5 Lを作成する．使用前のカラムの置換分などを考慮し，分取では少し多めに作るのがよい．以前使用していた溶媒の極性が高い場合は，事前にメタノール100%で15分ほど洗浄のために送液するほうがよい．

【前処理】
　魚油から抽出済みのDHA/EPA（外国産，比率8：70）の粗分離済み試料を用いる．

①試料1 mLをとり，100%のメタノールで10 mLにメスアップし，0.45

µm の HPLC 用フィルターでろ過する．シリンジによる注入は 3 mL とする．

② 主なピーク成分は RI に検出されるため，完全に分離されていない部分をリサイクル分離して精製する．

3.7.3 結果

実験の結果は図 3.10 のようになった．RI 検出器のピークに注目すると，メインピークの前と後に不純物があるのを確認したため，メインと後半のテーリング部分をリサイクルした．1 回のリサイクルで効率よく DHA と EPA を分離できた．

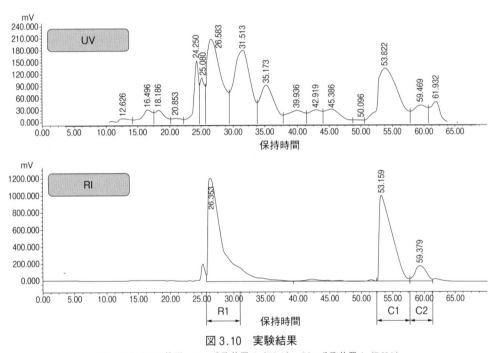

図 3.10 実験結果

R1= リサイクル範囲，C1= 分取位置 2（EPA），C2= 分取位置 1（DHA）．

分析装置：LaboACE LC-5060
カラム：JAIGEL-ODS-AP-L, SP-120-15
溶媒：メタノール 流速：9.0 mL/min
検出器：UV @233 nm / RI-700II
試料：10% 溶解後フィルター処理 注入量：3 mL

3.8 界面活性剤ラムノリピッドの分離と LC-ToF MS による同定
3.8.1 概要

ラムノリピッド（Rhamnolipis）は，バイオサーファクタントの一種である（多糖体）糖脂質のラムノースのオリゴマーであり，界面活性剤として実用化されている（図 3.11）．本実験では，モノマー：ダイマーの比率が 3：2 である標準試料を入手し分離シミュレーションを行った．

一般にラムノリピッドは，炭素源を含む培地中で生産菌を培養して生産される．本実験は，ある条件下で生産されたラムノリピッドの精製と同定が目的ではあるが，前段階として分離条件の検討を行う．この分野では，効率よく培養生産された界面活性材の製造工程の確立，環境に及ぼす影響，単離された糖類の物性の解析など，多岐に渡る分析が必要である．

本実験では，下記の 3 種類の分析を行った．

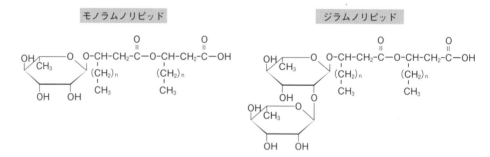

図 3.11　ラムノリピッドの構造式

3.8.2　ODS カラムによる分離例
【前処理】

吸着・分配分離モード：アセトニトリルを 20 ～ 50%に変化させ溶解性を確認した結果，40% 以上で白濁したので，ODS カラムを選択した．

【カラム】

ODS カラム：JAIGEL-ODS-φ4.5 × 250　粒径 10 μm

【溶媒作成】

水・アセトニトリル・酢酸　50：50/1（V/V）+ 10 mmol/L 酢酸アンモニウム

流速 1 mL/min で最大 30 分の時間がかかると想定し，30 mL × 4 =約 150 mL の溶媒を作成した．主として RI 検出器をモニターするため，ノイズの軽減を考慮し超音波洗浄機に溶媒容器を入れ 10 分程度脱気した．白濁

した上水（透明部分）だけを 20 μL とり，これを試料とした．

【結果】

実験の結果，図 3.12 と 3.13 のデータが得られた．図 3.13 のピーク番号 1 は溶媒ピークであり，ラムノリピッドは 3 と思われ，完全に分離していないことがわかる．溶媒組成を変化させ，溶媒極性を上げると分離せず，下げるとサンプルが溶解しなかった．目的試料が 3 であったとすると，リサイクル分離をするためにもう少しカラムに保持させたいが，溶媒組成の変化では効果がないと判断した．

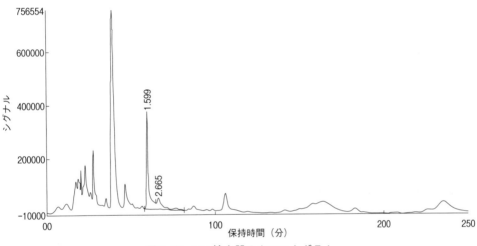

図 3.12　UV 検出器のクロマトグラム

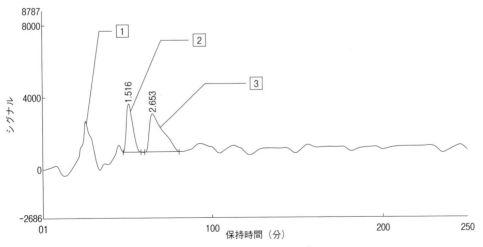

図 3.13　RI 検出器のクロマトグラム

3.8.3　GPCカラムとリサイクル法による分離例

試料はTHFに完全に溶解することから，有機溶媒系GPCカラムを選択した．

【カラム】

GPCカラム：JAIGEL-2H+1HA $\phi 8 \times 500 \times 2$　流速1.0 mL/min

【溶媒作成】

流速1 mL/minで最大30分の時間がかかるため，100%THFを約150 mL作成した．溶媒は10分程度脱気した．RIを主にモニターするため，少し増やして50 μLの試料を注入した．

【結果】

実験の結果，図3.14のクロマトグラムを得た．図3.15は標準ポリスチレンM/w 900のクロマトグラムで，分析リテンションタイムを合わせた．すなわち縦の直線がM/w 900あたりであるため，次に丸で囲んだ部分をリサ

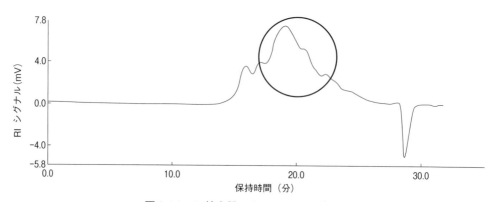

図3.14　RI検出器によるクロマトグラム

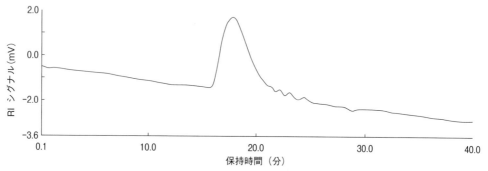

図3.15　標準ポリスチレンM/w900のピーク位置

イクル分離した.

3.8.4　GPC 分取カラムによる分離例
　3.8.3 項の実験をもとに，スケールアップを行った．ϕ20 では，ϕ8 のカラムに対して 6.25 倍の試料を処理できるので，100 mg を注入しリサイクル分離を行った.

【カラム】
GPC カラム：JAIGEL-2HH+1HH ϕ20 × 600　流速 7.0 mL/min

【得られたクロマトグラム】
　100 mg の試料から，図 3.16 のクロマトグラムが得られた．図中の線で囲んだ部分を主にリサイクルかけたが，2 回目以降の強度がなく拡散して見えなくなってしまった(原因不明)．しかし UV 検出器側で再現性があったので，そのままリサイクル（矢印部分）を 3 回行い，4 回目で二つの分取 F3，F4 を行った．また，この F1 ～ F4 を LC-MS にて測定した結果が表 3.5 である.

【結果】
　表 3.5 は，F1 ～ F4 の各フラクションの質量分析の定量値であり，それをグラフ化したのが図 3.17 である．図 3.11 より，ラムノリピッドの分子量

クロマト BOX ③　　　HPLC における分析と分取

　環境ホルモンの毒性を評価するためには，その成分を分取・精製して，似た化合物と毒性を比較する必要がある．また，単一成分で分取できれば，その分子構造も解析可能になる.

　分析するだけでは，上述の二つの課題をクリアすることはできない．いい換えれば，分子の活性や構造を解析するためには，分取・精製が不可欠である.

分析と分取クロマトグラフィー

	分析	分取
目的	わかっている成分の定性，定量	成分の活性測定，分子構造解析
技法	微量測定技術	分離精製技術
溶離液	反応可	反応不可
カラム	小	大
試料量	微量	多量
分離溶液	不必要	必要
溶媒使用量	少ない	多い

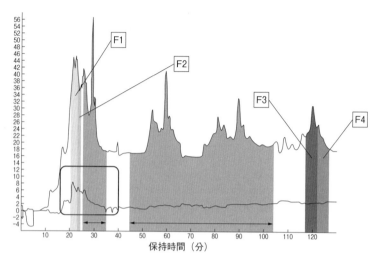

図 3.16　100 mg の試料から得られたクロマトグラム

表 3.5　LC/MS 定量の結果

	MC10-C8	MC10-C10	MC10-C12:1	MC10-C12	DC10-C8	DC10-C10	DC10-C12:1	DC10-C12	TOTAL
F1	11350	76434	32051	51758	49419	101354	59653	75642	457661
F2	32484	123652	68138	79721	10273	58808	12485	28328	413889
F3	30303	90845	27718	31192	3024	34243	2905	8390	228620
F4	26841	81754	25763	25624	2423	30676	2240	6519	201841

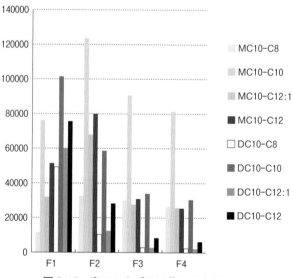

図 3.17　表 3.5 をグラフ化したもの

FAMILY	M/W
MC10-C8	475
MC10-C10	503
MC10-C12:1	531
MC10-C12	529
DC10-C8	621
DC10-C10	649
DC10-C12:1	677
DC10-C12	675

図 3.18　ラムノリピッド類

モノマーとダイマーそれぞれの n 個数異なる分子量を示す.

は 649 であるので，図 3.18 の DC10-C10 に着目すると，べてのフラクションに同レベルに分布しており，またリサイクルをかけたにもかかわらず F3 と F4 の DC10-10 の収率が似ており，完全に分離していないことがわかる. よって GPC カラムは，この試料の分離に適していないと考えられる.

3.8.5　PVA 充填材の SEC モードカラムでの分離例

　この試料は水系 GPC 分離モード：水 100％ で完全に溶解するので，親水性 SEC カラムや糖類の分離ができるカラムを選択した.

【カラムと装置】

水系 GPC カラム：JAIGEL-GS-320　ϕ20 × 500　流速 5.0 mL/min
装置：LaboACE5060
検出器：RI-700II

【溶媒作成】

　流速 5 mL/min で最大 65 分の時間がかかるため，100 mmol リン酸二水素ナトリウム：アセトニトリル＝ 70：30 の溶液を約 1000 mL 作成する. 10 分程度脱気する.

【結果】

　3 mL/50 mg を分析したところ，図 3.19 のクロマトグラムを得た. Agilent 1200 LC と 6520A Tof-MS の測定結果では，表 3.6 からわかるように，フラクション F1 がジラムノリピッドであり，その純度は 84.3% である. F4 のモノラムノリピッドは，98.7 ％ と高度に分離できた. しかし，それぞれのフラクションの濃度は 5 ％程度と低く，この分離条件での溶解性に乏しいことが今後の課題として残った.

第3章　前処理の具体例

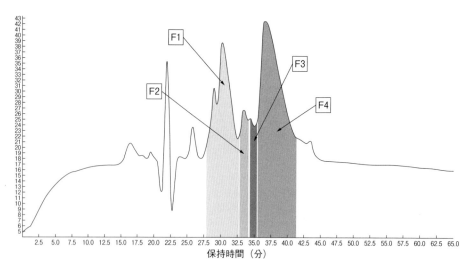

図3.19　RI検出器のクロマトグラム

表3.6　LC/MS測定の結果

Fraction No		Reff.	F1	F2	F3	F4	Reff.
Normanized purity		315ST	RHA1	RHA2	RHA3	RHA4	315ST
		(%)	(%)	(%)	(%)	(%)	(%)
モノラムノリピッド	m/z=[M-H]-						
C10-C8	475.2913	3.1	2.7	61.7	4.8	0.0	3.2
C10-C10	503.3226	55.8	3.8	8.2	26.2	98.7	56.2
C10-C12	531.3539	7.0	1.6	1.6	7.2	0.0	6.4
C10-C12:1	529.3382	4.6	0.0	0.0	0.0	1.0	4.4
ジラムノリピッド							
C10-C8	621.3492	1.1	4.5	0.0	0.0	0.0	1.1
C10-C10	649.3805	22.8	84.3	2.4	2.3	0.1	23.4
C10-C12	677.4118	4.1	1.8	18.9	57.2	0.1	3.8
C10-C12:1	675.3961	1.5	1.3	7.3	2.4	0.0	1.6

高解像度LC/MSとC-NMR, H-NMRを用いて構造を決定した．協力：ハワイ大学（Manoa）分子生物科学科 Qing X. Li 教授．

3.9　演習

[1]　市販のコーヒー飲料中のカフェイン含量をHPLCで測定する．その前処理として有機溶剤を用い，分液ロートでカフェインを分取したい．その方法を具体的に示し，有機溶剤には何を選べばよいかを述べよ．また，試料中の残存カフェイン量を測る方法も示せ．

[2]　コーヒー中のカフェイン（100 mg）はクロロホルムに8，水に2の割合

で分配される．分液ロートを用いてクロロホルムで3回抽出すると，何%抽出できるか概算せよ．クロロホルムと水はそれぞれ 100 mL とする．

3. 液体クロマトグラフィーの試料として果汁を選んだ．装置のインジェクターに打ち込むまでの前処理の手順を記せ．フィルターの種類は No.6 ろ紙，微細金網，No.2 ろ紙，メンブレンフィルター 0.45μm とする．

4. フラッシュクロマトグラフィーにおいて，試料の目的成分が保持されず，Rt の小さいところにピークが表れる．充填剤は ODS ゲルを用いている．このとき，保持力を上げるゲルの選び方を説明せよ．

5. 食物色素アントシアニン類を食品工業的に抽出する際の有機酸を二つあげよ．その二つの有機酸の化学式（分子式）と分子量も示せ．

6. ブルーベリーに含まれるアントシアニン–3–グルコシド 0.2% は何モルになるか．アントシアニン–3–グルコシドの分子量は 450 とする．

7. (1)葉酸の HPLC 測定限界が 0.02 mmol だとすると，ブロッコリー何 g を何 mL で抽出すればよいか計算せよ．ここで，ブロッコリー中には 0.5 ppm の葉酸が含まれるとする．
   (2)ブロッコリー 0.1 kg から 2.5 L の溶液で葉酸を抽出した．エバポレーターで何倍に濃縮すれば測定可能かを計算せよ．

8. 長さ 200 mm で内径 4 mm のステンレスカラムに流量毎分 0.75 mL を流すと，圧力は 25 kg/cm^2 であった．ステンレスカラムを内径 10 mm の分取用に変えると，圧力は何 kg/cm^2 になるか推測せよ．溶離液，温度，装置などは同条件とする．

9. 検出器として紫外吸光光度計を用い，旨味物質（シイタケのグアニル酸）を分析した．2 mmol/L の純品の吸光度が 32 mAU，シイタケエキス試料の吸光度が 40 mAU であった．試料 100 mL に含まれるグアニル酸の量を求めよ．グアニル酸の分子量は 420 とする．

10. ある分析をした後，0.5 mmol/L の KH$_2$PO$_4$（リン酸水素カリウム，分子量 100）溶液が 420 mL 残った．次の分析には，0.25 mmol の溶離液が 850 mL 必要であった．残った 420 mL の溶液に何 mg の KH$_2$PO$_4$ を追加して 850 mL にメスアップすればよいか計算せよ．

11. 成分 A と B のクロマトグラムが Rt4.2 と Rt4.8 である．もっと差をつけて分離したい．効果のあるものに○をつけよ．カラムは ODS，溶離

液はメタノール水溶液とする.

波長を変える　　　　　　　　　　　（　　）

メタノールをアセトニトリル変える（　　）

溶離液の pH を変える　　　　　　　（　　）

流速を上げる　　　　　　　　　　　（　　）

カラム温度を変化させる　　　　　　（　　）

12 リサイクルクロマトグラフィーにおいて，成分 20 mg 含有溶液をカラムに注入した．隣接するピークと重なりが見えたので，リサイクルにかけた．重なりはピーク面積で 25％であった．回収率 95％ととして，成分何 mg が得られたか計算せよ．

PART II　溶離液作成法

第4章　溶離液作成のための濃度計算の基礎
第5章　溶離液の種類とその作り方
第6章　溶液作成に必要な器具と装置
第7章　溶媒回収法とそのメカニズム
第8章　クロマトグラフィーの種類と溶離液の関係

第4章 溶離液作成のための濃度計算の基礎

はじめに

液体クロマトグラフィーを使いこなすには,試料や溶離液の濃度計算法を習得しておく必要もある.たいていは高校の数学や化学を理解していれば十分であろう.

4.1 パーセント表示(重量パーセント)

重量パーセントは,溶液 100 g 中の溶質のグラム数である.単位は重さであり,容量(体積)ではないことに注意してほしい.

たとえばコーヒー 100 g に 3 g の砂糖が入っている場合,$\frac{3\,\mathrm{g}}{100\,\mathrm{g}} \times 100 = 3\,\%$ となる.

4.2 モル濃度

モル濃度は,溶液 1 L 中に溶けている溶質のモル数である.$V(\mathrm{L})$ の溶液の中に溶質が $m(\mathrm{mol})$ 溶けているとき,そのモル濃度 x は次式で求められる.

$$V : m = 1 : x \quad \text{より} \quad x = \frac{m}{V}\,(\mathrm{mol/L})$$

100 mL のコーヒー中にカフェインが 5 mg 入っている場合を考えてみよう.まず,5 mg のカフェインが何 mol かを計算する.カフェインの分子量を 194 とすると,$0.005 / 194 ≒ 2.58 \times 10^{-5}$ mol となる.したがって,モル濃度は

$$x = \frac{2.58 \times 10^{-5}}{0.1} ≒ 2.6 \times 10^{-4}\,\mathrm{mol/L}$$

4.3 質量モル濃度(mol/kg)

モル濃度に似ているが,分母が溶質の体積から溶媒[*1]の質量になっている.溶媒が水の場合は比重を 1 としてよいから,特に薄い濃度のとき,モル濃

*1 溶質ではなく溶媒であることに注意.

と質量モル濃度はほぼ同値になる.

しかし，比重が1ではない液体を溶媒に用いる場合は異なる値になる．たとえば，5 mg のカフェインを 100 mL のクロロホルム（比重 1.48）に溶解した場合を考えてみよう．クロロホルム 100 mL は 0.1 × 1.48 = 0.148 kg になるから，質量モル濃度は

$$\frac{2.58 \times 10^{-5}}{0.148} \fallingdotseq 1.7 \times 10^{-3} \text{ mol/kg}$$

4.4　ppm と ppb

ppm や ppb は低い濃度を表すために用いられる単位であり，微量成分の濃度を表すときに，小数が長くなるのを防ぐために使われる．1 % = 10,000 ppm = 10,000,000 ppb である．1 ppm は溶液 1000 mL（1000 g）中に 1 mg 入っている割合になる.

たとえば，生体内の微量成分の含量が 10 mL（10 mg）中に 0.0002 mg だとすると 0.00002 % であり，これを ppm で表すと 0.2 ppm となる．すなわち 10,000 倍薄い表示になる．ppm のさらに 1000 分の 1 が ppb である.

4.5　濃度の換算方法

4.5.1　重量パーセント（%）をモル濃度へ換算

a（%）の溶液が 1 L あるとし，溶液の密度を d（g/cm^3）とする．この溶液に含まれてる溶質の質量 w（g）は

$$w\,(\text{g}) = 1000 \times d \times \frac{a}{100}$$

溶質 w（g）のモル数は，溶質の分子量（式量）を M とすると $\frac{w}{M}$ であるから，モル濃度 x は

$$x = 1000 \times d \times \frac{a}{100} \times \frac{1}{M}$$

☐ クロマト BOX ④　　クロマトグラフィーを表す用語

クロマトグラフ（chromatograph）は分析装置を，クロマトグラフィー（chromatography）はその装置を用いた分析手法を，クロマトグラム（chromatogram）はその装置から得られた分析データ（チャート図）を意味する．chromatography は不可算（uncountable），chromatograph および chromatogram は可算（countable）であることに注意しよう.

4.5.2 モル濃度を重量パーセントへ換算

この場合も1Lの溶液を考え，その質量とそこに溶け込んでいる溶質の質量を求める．たとえば，n (mol/L) の溶液の重量百分率 x% を求めてみよう．この溶液の密度を d とし，溶質の分子量を M とする．この溶液 1 L の質量 w (g) は $w = 1000d$ (g) となる．この溶液 1 L 中の溶質の質量 m (g) は $m = nM$ (g) である．重量百分率 x (%) は溶液の 100 g 中の溶質のグラム数だから

$$1000d : nM = 100 : x$$
$$\therefore \quad x = \frac{nM}{1000d} \times 100\% = \frac{nM}{10d}$$

4.6 溶液の溶解度

溶液と溶液を混合するとき，どんな比率でも混ざり合う場合（たとえば水とメタノールなど）もあれば，分離して混ざり合わない場合（たとえば水とクロロホルムなど）もある．通常，HPLCで使う溶液にはある程度の量の物質が溶解しており，量が多いと沈殿する．このとき，沈殿しないぎりぎりの状態を飽和溶液という．この飽和溶液の濃度は温度によってかなり変化する[*2]．HPLCの溶離液作成には溶液の溶解度の理解が大切である．

ある物質の溶解度と温度の関係をグラフにしたものが溶解度曲線である．通常は，100 g の水に溶ける溶質の重量で表す．それぞれの物質により，グラフの形は異なる．たとえば硝酸ナトリウムの溶解度曲線（図4.1）を見ると，20 ℃では約 88 g 溶けるが，60 ℃まで上げると約 122 g が溶けるので，40 g も差が出る．

[*2] たとえば，昼間に作った溶離液が，朝方に温度が下がって沈殿を生じたりする．

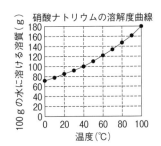

図 4.1　硝酸ナトリウムの溶解度曲線

4.7 演習

1. 硝酸ナトリウムの溶解度曲線を利用して次の問いに答えなさい．
   (1) 50 ℃における飽和溶液の重量パーセント濃度を求めよ．
   (2) 60 ℃における飽和溶液 50 mL を取り出し，その水を完全に蒸発させると，何 g の結晶が得られるか．

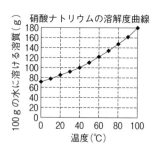

2. 1の溶解度曲線を用い，20 ℃の飽和硝酸ナトリウム水 100 mL のモル濃度を求めよ．$NaNO_3$ の分子量は 85 とする．

3. 下記の表は，物質 A が 100 g の水に溶解する量と温度の関係を示している．この表を用いて溶解度曲線を書け．

温度（℃）	0	10	20	30	40	50	60	70	80	90	100
100 g の水に溶ける溶質（g）	36	39	43	46	50	55	61	67	74	80	90

4. 濃度 98.0% の濃硫酸の密度は 1.85 g/cm³ である．この濃硫酸のモル濃度を求めよ．原子量は H = 1，O = 16，S = 32，N = 14 とする．

5. 8.5 mol/L のアンモニア水の重量パーセント濃度を求めよ．ただし，アンモニア水の密度は 0.95 g/cm³ とする．

6. ゲルろ過クロマトグラフィーやイオン交換クロマトグラフィーに用いる緩衝液は微生物による腐敗が進みやすい．その理由を述べよ．

7. 0.5 mmol の炭酸水素ナトリウム（$NaHCO_3$）を 500 mL 調整する方法を示せ．炭酸水素ナトリウムの分子量は 84 とする．

第5章

溶離液の種類とその作り方

はじめに

　液体クロマトグラフィーは，適切な充填剤を詰めたカラム（固定相）に，液体（移動相）を加圧して流すことにより，移動相中の混合物を固定相に対する保持力の差を利用してそれぞれの成分に分離分析する方法である．液体試料または溶液にできる物質が分析対象であり，確認試験，純度試験，定量分析などに用いる．現在では分取（分離・精製）に活用されることも多い．

　目的通りに分離するためには，溶離液の作成手法が重要である．溶離液の作成の精度により分析結果の再現性に差が生じる．溶離液は親水性溶媒系，緩衝液系，疎水性溶媒系に大別される．

5.1　親水性溶離液

　親水性溶離液を用いるクロマトグラフィーは非常に多く，逆相分配系のクロマトグラフィー，ゲルろ過クロマトグラフィー，イオン交換クロマトグラフィー，イオンクロマトグラフィー，およびアフィニィティークロマトグラフィーがそれにあたる．

　水が主成分なので，水の種類や質について考慮する必要がある（表5.1）．微量成分を分析する際は特に水の質が重要であり，比抵抗 15 Ω 以上のものを用いる必要がある．分取クロマトグラフィーでチェックを目的とする場合は，もっと比抵抗の低いものでも差しつかえない．純水のみで溶離液を作ることは少なく，ほとんどの場合，試薬を溶解する．たとえば，リン酸水素アンモニウム $(NH_4)_2HPO_4$ の 0.2 M 溶液を作る．このときの注意点は次の通り．

① リン酸水素アンモニウムの分子量（132.07）から必要量を計算し，天秤で正確に量る．
② 使用する純水の比抵抗をチェックしておく（純水度の把握）．
③ リン酸水素アンモニウムをよく溶かす．溶けにくい場合は水温を少し上げ

図5.1　溶離液専用ビン

る．たとえば35〜45℃．
④微細なろ紙 No. 6 でろ過する[*1]．
⑤純水で正確にメスアップして，決めてあるモル濃度（0.2 M）に合わせる．
⑥溶離液専用ビン（図5.1）を HPLC のポンプに接続し，通液してカラムまでを溶液で安定化させる．
⑦水溶液は腐敗しやすいので，細菌などが上部からビン内部に入らないように気をつける．

*1　ここでは0.45 μmのフィルターまでは必要ないが，精密に測定したい場合はHPLC用メブレンフィルターを用いるほうがよい．

5.2　緩衝液系溶離液

緩衝液とは弱酸とその塩の混合液，または弱塩基とその塩の混合液のことで，酸や塩基を多少加えても pH が変化しにくい性質（緩衝作用）をもつ．

緩衝作用について，酢酸と酢酸ナトリウムの混合液を使って説明する．まず，この溶液に HCl（酸）を加えるとしよう．このとき，次のような反応が起こる．

$$CH_3COONa + HCl \longrightarrow CH_3COOH + NaCl$$

HCl から出た H^+ が CH_3COONa から出た CH_3COO^- と反応してなくなり，結果的に溶液中の H^+ の濃度にはほとんど変化がない．すなわち，pH にほとんど変化がない．

0.2 M のリン酸水素ナトリウム（Na_2HPO_4）を作製する場合を考える．まず試薬の分子量を確認して必要な量を計算しておき，必要量を天秤で正確に量る[*2]．溶離液の pH を pH 計で測定し，目的の pH になるように正確に溶液を加えていく．たとえば微酸性にしたいときは，リン酸の溶液を加えていき，pH を 5.5 程度にすればよい．リン酸は原液を用いるのではなく，必要に応じて 5〜10 倍に薄めると調整しやすい．これを微細用のろ紙（No. 6 くらい）でろ過する．最後にメスフラスコで正確にメスアップして，決めていたモル濃度に合わせる．表5.2 に HPLC 測定用の溶離液と汎用されている緩衝液の具体的な作成法を示す[*3]．

*2　リン酸水素ナトリウムをよく溶かすには，最初は少量入れて十分混和し，次に全体を入れて混和させればよい．溶けにくい場合は，緩衝液の温度を 35〜45 ℃ に上げる超音波振動を併用するのも効果的である．

*3　このような作成法をノートに記しておくと，実験を無駄なく効率的に進めることができる．

5.2 緩衝液系溶離液 ●───● *69*

表5.1 純水の純度値

項 目	数 値	理 由
無機物	0.1 ～ 10 MΩ.cm 以上の比抵抗の水	クロマトグラム上のベースラインの安定性の向上，水溶液のイオン性に影響
有機物	TOC レベル 100 ppb 以下の水	クロマトグラム上のベースラインの安定性の向上
含有粒子の基準（微生物も含む）	0.2 μm 以上の粒子をできる限り含まない水．不純物の量は，0.05 μg/L 以下	カラムの性能維持，カラムの寿命の長期化

表5.2 汎用されている酸，塩基の濃度換算表

化合物	分子式	分子量	純度 (w/w%)	比重 (20℃)	濃度 (mol/L) 規定 (N)	当量
塩酸	HCl	36.46	20%	1.10	6.0	1
			35%	1.17	11.2	
硝酸	HNO_3	63.01	60%	1.37	13.0	1
			65%	1.39	14.3	
			70%	1.41	15.7	
硫酸	H_2SO_4	98.08	100%	1.83	18.7	2
リン酸	H_3PO_4	98.00	85%	1.09	14.7	3
			90%	1.75	16.1	
酢酸	CH_3COOH	60.05	100%	1.05	17.5	1
過塩素酸	$HClO_4$	100.46	60%	1.54	9.2	1
			70%	1.67	11.6	
過酸化水素	H_2O_2	34.01	30%	1.11	9.8	1
			35%	1.13	11.6	
アンモニア水	NH_3	17.03	25%	0.91	13.4	1
			28%	0.90	14.8	

□ **クロマト BOX ⑤**   **クロマトグラフィーを諸外国語で表すと**

ギリシャ語	χρωματογραφια	インド語	𑀘𑀺𑀢𑁆𑀭 𑀮𑁂𑀔
アラビア語	كروماتوغرافي	中 国 語	色譜
ド イ ツ 語	chromatographia	イタリア語	chromatogafia
ロ シ ア 語	Хроматография	日 本 語	クロマトグラフィー

5.3 疎水性溶離液

疎水性溶媒とは一般に，電気的に中性の非極性溶媒であり，分子内に炭化水素基をもつ物質が代表的である．油分や非極性有機溶媒との親和性，（親油性）を示す．クロマトグラフィーで使用する代表的な溶媒と特徴を以下に示す．

5.3.1 クロロホルム

大学の化学合成研究室などで，広く利用されている溶媒で，抽出から有機化合物の溶解に使用している．通常，クロロホルムには酸化防止のため安定剤が入っているが，紫外線にさらされるとホスゲンガスが発生し，また水で加水分解されると塩酸が生成する．装置の金属類や樹脂を腐食・浸食することがあるのでHPLCで使用する場合は，注意が必要である．安定剤としては，1％以下のメタノールやエタノールが添加されている．アミレン（ペンテン）が添加されているものもあるが，ペンテンの沸点は30℃付近なので，放置すると蒸発して酸化が進むので，このタイプはあまりお薦めできない．一方，エタノール安定剤のクロロホルムは，分離モード（順相カラム）によっては分析結果に影響を与える可能性がある．その場合は，不飽和炭化水素が安定剤として添加されているHPLCグレードを用いればよいが，開封後すみやかに使わないと酸化されてしまう．

5.3.2 テトラヒドロフラン（THF）

現在，健康と環境の側面から上記クロロホルムの規制が非常に厳しくなり，一部の民間企業では全く使用していない．そこで，代替溶媒としてテトラヒドロフラン（沸点66℃）が多く使われている．クロロホルム同様，有機物や高分子に対してよく溶ける．独特の臭気をもち，引火点が低く，水に溶解する（疎水性ではない）のが特徴である．

この溶媒も安定剤として酸化防止剤のBHT（ジブチルヒドロキシトルエン）2,6-di-t-butyl-4-methylphenolが使われているので，分取で用いる場合には残存に注意が必要である．安定剤を含まない無水のものも販売されているが，開封後すみやかに使用すること．

5.3.3 ジクロロメタン（塩化メチレン）

クロロホルム同様，有機物や高分子に対してよく溶ける．沸点が40℃であり揮発性が高いため，気泡の発生に注意する必要がある．

5.3.4 ジクロロエタン

ジクロロメタン同様，有機物や高分子によく溶ける．沸点が84 ℃でジクロロメタンより高いので使いやすく，代替物質として使われることが多い．

5.3.5 DMF（Dimethylformamide）

非プロトン性極性溶媒の中では極性が高く，さまざまなものをよく溶解するので溶媒や反応溶媒としてよく使われる．しかし，沸点が153 ℃と高いため，エバポレーターで除去するのは難しい．

5.3.6 酢酸エチル

特に抽出溶媒としてよく用いられる．クロマトグラフィーでは，GPC以外にも順相カラムとしてヘキサンと混合溶媒として使われる．沸点は77.1 ℃．

5.3.7 トルエン

クロロホルム同様，有機物や高分子によく溶ける．クロロホルムより極性が低い．沸点は110.6 ℃．

5.4 混合溶離液

クロマトグラフィーでは溶媒の極性，溶解性，分配性，pHをコントロールするため，混合溶媒の作成が重要である．表5.2にある酸・塩基を溶媒に少量加えることによって，充填剤との相互作用を最大限発揮して分離することが可能となる．

5.4.1 有機溶媒と水

通常，HPLC溶離液は有機溶媒と水であることが多い．特に逆相分配クロマトグラフィー（主にODSカラム使用）では，ほとんど水と有機溶媒の混合液である．具体的にはグラディエント溶離法が用いられる．現在はグラディエント溶離法が主流になので，ミキサーの後に脱気装置を配備しているものが多い．装置内に脱気設備がない場合は，溶離液調整時に超音波とアスピレーターを組み合わせて脱気する．

5.4.2 有機溶媒と緩衝液

ほとんどの有機溶媒は緩衝液に用いる試薬にはほとんど溶解しないので，この組合せは現実には多くない．しかし，有機溶媒の濃度を5〜10%にして，水と有機溶媒の混合液を作っておき，5〜10 mMの薄い濃度にして用いることがある．

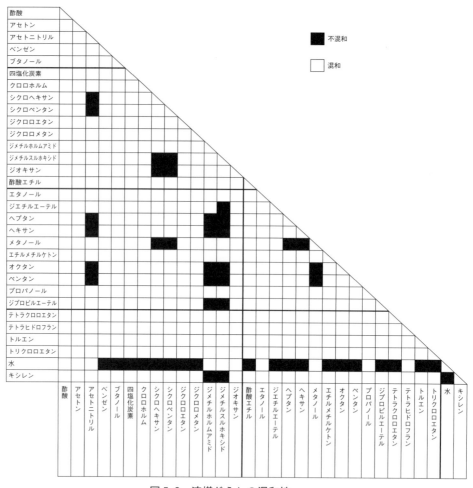

図5.2 溶媒どうしの混和性
黒塗りが，お互い混じり合わない溶液である．

5.4.3 緩衝液と水

　よく使われる組合せである．緩衝液中の試薬の水への溶解度が重要である．よく溶けるものは，通常の撹拌で十分であるが，溶けにくいものについては，溶液の温度を上げて撹拌するとか，超音波による振動を利用するなどして，完全に溶解させる必要がある（図5.2）．緩衝液どうし（pHに差がある場合）の混合では，薄い溶液をビーカーに先に入れて，濃度の濃い溶液を上部から注ぎ込み，よく混合して作成する．

5.4.4 有機溶媒と有機溶媒

　順相クロマトグラフィー（シリカゲル，アルミナなどのゲルを使用）に用いられる組合せである．メタノール，ヘキサン，クロロホルムなどを混合することが多い．水溶性溶離液ほど気泡をかみ込まないので，脱気は簡単でよい．沸点が水に比べて低く，蒸発しやすいので，低温BOXやドラフトを使用すること（吸い込むと有害である）．

5.4.5 混合溶媒の表記法について

　クロマトグラフィーで使用する混合溶媒の混合割合の表記法は，はっきりと定まっていない．一般的には，パーセント表記または比率表記の場合が多い．同じ実験では，どちらかに統一しないと分析の再現性に大きな差がでるので注意が必要である．

パーセント表記	メタノール10% 溶液
比率表記	メタノール / 水 =10：90

※上記の二つは，厳密には同じ濃度ではない．

　パーセント表記は重量比（w/w）であり①「10% メタノール溶液」などと表記する．比率表記は体積比（v/v）であり②「メタノール／水 = 10：90」などと表記する．この二つの溶液の作り方を示す（100 mL の溶媒を作る場合）．

① 10 mL のメタノールをメスシリンダーに取り，水を撹拌しながら 100 mL のラインまでメスアップする（発熱するので少し冷やしながら行う）．
② 10 mL のメタノールと 90 mL の水を混ぜる．

　②は溶媒密度[*4] の違いから，10+90=100 mL にはならず，合計が 97.9 mL になり，①より濃い溶媒になる．

*4　単位容積あたりの質量.

5.5 試料と溶離液との関係

　美しい正確なクロマトグラムを得るには，不純物の少ない試料と溶離液を用いる必要がある．原材料から不純物を除いてクリーンにしていくとき，メンブレンフィルターの処理をする前に，溶離液と試料をある比率で混合しておく．この処理を行わないと，クロマトグラム上で大きなショックピークが現れ，測定したいピークが隠れてしまうことがあるし，クロマトグラムが乱れることもある．また，フィルターで処理をした後に混合すると，沈殿を生じる場合もある．ここで肝心なのは試料と溶離液の比率である．

通常，前処理試料としての溶離液比率は，1:1あるいは1:2～1:3程度がよい．クロマトグラムが乱れるようであれば，濃度を下げるとよい．表5.3に各クロマトグラフィーでの試料濃度の目安を示す．

表5.3　各過程における試料濃度

過　程	試料濃度	処理
前処理	30～50%	遠心，撹拌，濾過
オープンカラム，フラッシュカラム	5～50%	粗フィルター
分析 HPLC	0.1～1%	細フィルター
分取 HPLC	1～10%	細フィルター

5.6　演　習

1. HPLCの有機溶媒系で比較的多く用いられているアセトニトリル（CH_3CN）は，エタノール，メタノールに比べて，どのようなよい点があるか述べよ．

2. HPLCにおいて，グラディエント溶離法は成分間の分離度を上げる手法の一つである．その溶離液を混合するとき，二つの異なる送液方法がある．その二つの方法について説明し，その差と特徴について述べよ．

3. HPLCに利用されている検出器を三つあげ，それぞれの測定メカニズムと特徴を述べよ．

4. 分離度が1.2，Rtの遅いピークの理論段数が1000のクロマトグラムを図示せよ．

5. 図のように頂角が60°のプリズムに光を当てたらその入射角と出射角がともに60°であった．このプリズムの屈折率を求めよ．

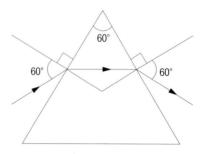

6. HPLCのグラディエント溶出法に屈折計を用いるのが不向きな理由を述べよ．

7. 内径4.2 mmのステンレスカラムに試料溶液を10 μL注入すると，カラ

ムへの浸透長はいくらになるか．また分離度を上げるためにカラムの内径を 8.4 mm にしたら，浸透長はいくらになるか．カラム隙間率を 27.5％とする．

8 汎用されている官能基である C_{18}, C_8, NH_2 について，(1)相互作用性，(2)用いられる溶媒の種類を答えよ．

第6章 溶液作成に必要な器具と装置

6.1 溶液を量るための器具

溶液の容量を量るのは，液クロ分析の基本である．その際，どの程度の精度が必要なのかを考えなければならない．以下，精度の低い器具から順に紹介する．

6.1.1 目盛りつきビーカー

ビーカーには，目盛りつきのものがある．粗い測定でいい場合は使用できるが，用いることは少ない．精度が低いので，多くの場合は 6.1.2 ～ 6.1.8 項で紹介するものを使用する．

6.1.2 三角メスシリンダー

メスシリンダーの一種で，三角錐形をしている．メスシリンダーほど精度を要しない場合に便利である．たとえば，pH調整用の緩衝溶液を作るときは，水が多少増減してもpHに影響しない．このような場合に，三角メスシリンダーを使う．

6.1.3 メスシリンダー

1 ～ 1000 mL 程度の容量のものがよく使われている．ガラス製が主であるが，アルカリ性溶液を作るときにはテフロン製のものもあれば便利である．測定の精度が低くてもよい場合はメジャーフラスコが重宝である．

6.1.4 メスフラスコ

上述のメスシリンダーよりも精度を上げる必要があるときは，メスフラスコを使う．よく用いられるのは，1 ～ 1000 mL の容量のものである．メスフラスコは上部の蓋が閉じられるので，保存にも便利である．

78 ●━━━━●第6章 溶液作成に必要な器具と装置

6.1.5　ピペット

ピペットは少量の溶液を一定量だけとりたいときに使われる．中でも，簡単に使用できるメスピペットが汎用されている．メスピペットには複数の目盛りがあり，複数の容量を量り取ることができる．

ホールピペットはメスピペットより精度を上げたい場合に用いられる．メスピペットとは違い，目盛りは一つしかないので，一定の容量しか量り取ることができない．

駒込ピペット[*1]は上部が丸太になったピペットで，メスピペットよりも精度は落ちるが，実験上は非常に便利である．

*1　駒込病院長が作ったのが名前の由来である．

6.1.6　ピペッター

従来はガラス製のピペットが使われていたが，技術の進歩により石油化学素材のピペッターが登場してきた．現在では，ほとんどの研究室にこのピペッターが常備されている．10 µL から 20 mL まで，多くの種類のチップがある．このチップを入れ換えるだけで，特定の容量を量り取れる．チップは，ほとんどの場合は使い捨てとなる[*2]．

*2　同じ溶液を量ったりする場合には，再使用することもある．

6.1.7　マイクロピペットシリンジ

ピペットと同程度の精度をもつ．しかし，ピペットが便利なので，通常はピペットを用いることが多い．微量を測定するときに重宝する．

6.2　溶液を混合するための器具

6.2.1　ビーカー類

通常はビーカーを用いる．中でも便利なのがコニカルビーカーである．口がやや細くなったビーカーで，溶液を撹拌するときにこぼれにくいのが特徴である．トールビーカーは円筒状のビーカーで，溶液がこぼれないように，半分以下の容量で用いる．

金属製のものは熱や有機溶媒には強いが，強い酸には弱い．テフロン製のものはアルカリ溶液に強い．

6.2.2　メスフラスコ

メスフラスコは栓を締めて混合できるのが便利である．微量の 1 ～ 5 mL，汎用される 10 ～ 200 mL，大容量の 500 ～ 2500 mL のものなどがあるので，必要に応じて使い分けるとよい．

6.3 ペーハー計（ハンディタイプ）

pH（ペーハー）は水素イオン指数とも呼ばれる．中性のpHは7であり，酸性になると数値が減り，アルカリ性になると数値が増える．

6.3.1 リトマス紙とペーハーインジケーター

リトマス試験紙は，酸性かアルカリ性かを判別することしかできない．一方，ペーハーインジケーター（図6.1）を使えば，水溶液に浸した後の試験結果と色見本と照らし合わせてペーハーを読み取ることができる．

図6.1　ペーハーインジケーター

6.3.2 ペーハー計

デジタル式のペーハー計もあり，電極を水溶液につけるだけで，ペーハーが表示される（図6.2）．これは卓上型とハンディ型の二つに大別される．卓上型には交換式の電極のプローブがあり，用途に合わせて交換する．またハンディ型には電極が内蔵されており，溶液に先端をつけるだけで測定できるのが特徴である．

pHガラス電極で試料のpH値を電位差に変換し，その指数を変えてpH値を表すのが測定原理である．しかし，ガラス電極の電位差は温度で変化す

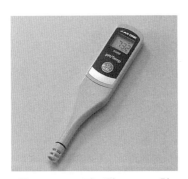

図6.2　ハンディ型ペーハー計

るため，あらかじめ温度特性を記憶させ内部で補正して出力している．したがって，測定プローブに温度センサーが一緒になっている製品が多い．

　HPLCに用いる場合は，ハンディ型がお薦めである．精度も比較的高く，簡単に結果が得られる．数千円のものから数十万円のものまであるが，安価なものは測定電極が弱く，測定ごとに基準校正液で校正する必要がある．高価なものは電極が長寿命で，プローブを交換すれば誘電率やORP[*3]なども測定できる．

　少しのpHの差で分離能や再現性が大きく異なる場合にペーハー計が活躍する．たとえば，イオン交換クロマトグラフィーでの初期緩衝液のpHチェックや，ODSカラムを使用した逆相では，サンプルが酸性か塩基性であるかによって，サンプルに合わせた緩衝液を作るのが定石であり，その確認に便利である．緩衝能のない溶媒では，解離性物質の保持時間や分離能がばらつく傾向にある．

　以下に測定方法を示す．電極が乾燥した場合は，電極を電極保存液に1～2時間ほど浸しておく．

①電極を十分にすすぎ，測定対象の溶媒（液体）に規定の深さまで浸す．
②30秒ほど待ってから値を読む．
③電極を純水で十分にすすぎ，電極保存液に浸す．

6.4　屈折計

　屈折計には大きくBrix計[*4]（図6.3）と示差屈折計（図6.4）があり，HPLCに用いられるのは後者である．

　示差屈折計の構造を図6.5に示す．光源LED①から出た光がスリット②，凸平レンズ③，セル④を通過し，ミラー⑤で反射され，受光素子②に達する．セル内は二つの部屋に分かれており，一つが参照液，もう一つがサンプルが

*3　ORPとは，Oxidation-Reduction Potential（酸化還元電位）の略．電圧を測ることにより，溶液の酸化と還元の比率を見ることができる．溶液が酸化型なのか還元型なのかを判断できる．

*4　糖度を1～100°で測定できる（1％ショ糖液が1°にあたる）．ハンディ型のものがあり，果物の糖度などが簡単に測定できる．

図6.3　ハンディータイプのBrix計
アタゴ社製．

図6.4　HPLC内蔵型示差屈折計
日本分析工業株式会社製．

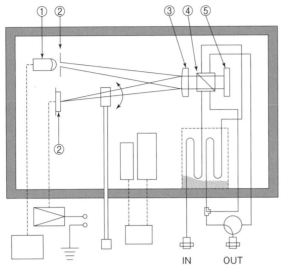

図 6.5 示差屈折計の構造

通過する部屋である．すなわち，参照液とサンプルの部屋を通過する液体との屈折率の差で光路が曲げられ，その比較差分を電気信号で増幅させ，クロマトグラムで表す．示差屈折計の出力には Brix のような単位は存在しないが，業界では古くから RIU（Referactive Index Unit）で表記している．これは 0.22％のショ糖で得られた信号を 32E-5 RIU に定めたことが基準になっている．1.00 〜 1.75 まで測定できるものが多い．

装置の使用法を以下に示す．HPLC で使う示差屈折計は，紫外可視検出器と直列に接続されていることが多い．この検出器で最も注意が必要なのは，測定前に必ず Purge 操作が必要なことである．スイッチを一度押すだけの操作で，参照セルに送液中のきれいな溶媒を封じ込めるために行う．一度スイッチを押せば一定時間で自動的に流路が変わり，参照側セルに溶媒が封される仕組みになっている．また，屈折率は温度で変化するため，光学ユニット内は一定温度に保たれている．その熱容量と移動相の送液熱との平衡化に時間がかかるため，電源を入れたあとは最低でも 30 分は待つ必要がある．また，使用している移動相で希釈することにより，溶媒ピークなどをなくすことができる．光源は赤色 LED なので 650 nm 付近のもが多い．

6.5 検出器
6.5.1 HPLC の検出器の溶離液

　HPLC で使用される溶媒は，カラムの分離モードに依存するケースがほとんどである．逆にいうと，試料の情報からカラムを選ぶので，分離したい試

82 ●————●第6章 溶液作成に必要な器具と装置

表6.1 HPLC で一般的に使用される代表的な溶離液

分離モード	（固定相）充填剤	代表的な溶離液	検出器
逆相	ODS カラム（シリカゲル Base）	アセトニトリル／H_2O メタノール／H_2O メタノール／THF	A
順相	シリカゲル	ヘキサン／IPA／酢酸 ヘキサン／酢酸エチル／酢酸	B
GPC	スチレンビニルベンゼン共重合体	クロロホルム／THF トルエン，ジクロロメタン	C
SEC 系	ポリマー系充填剤	メタノール，水	D
イオンクロマト	ポリスチレン系イオン交換樹脂	水，緩衝液，食塩水	E

表6.2 各分離モードにおける，溶媒が引き起こす検出器への影響

A	酢酸やクエン酸を添加すると，紫外領域 200 nm 付近では吸収が減るので，リン酸緩衝液を使用するとよい． グラディエントでは，RI ディテクターは使用できない．混合溶媒の場合は，脱気装置を用いると精度が上がる．
B	有機溶媒を用いるため，低い波長の吸収には注意が必要．
C	有機溶媒を用いるため，低い波長の吸収には注意が必要．THF は酸化防止剤の BHT がノイズになる事がある．クロロホルムは，安定剤でエタノール，アミレンなどあるが，エタノール添加の物がより安定している．（塩素の影響で装置（金属）を錆びさせる）
D	RI/UV ともに使用できるが，糖，アルコール，高分子化合物など，UV で検出できないものもある．
E	pH の変化をモニターすると有利なため，ECD 電気伝導度計を使用することが多いが，UV 検出器も使われる． イオン成分が金属に反応してしまうため，金属のない環境が必要．そのため，イオンクロマトグラフィー専用の装置が販売されている．

料の化学構造によって検出器を決める必要がある．しかし，限られた設備（分析装置）で実験を行うしかない場合もあり，ODS カラムと UV や RI 検出器で構成される装置が一般的である．また，有機合成の分野では，GPC カラムを用いることが多い．

　HPLC で一般的に使用される代表的な溶媒を表6.1に示す．また，検出器の溶媒が引き起こす影響について，その注意点などを表6.2にまとめた．

6.5.2 検出器の種類と特徴
①紫外可視吸光度検出器（UV/ VIS Detector）

　HPLC では代表的な検出器．光源には D2 ランプとタングステンランプが付いており紫外領域 190 〜可視 600 nm まで検出できる．セルの光路長を変

化させれば，検出感度を分析レベルから分取まで上下させることができる．検出感度は高い．

短所 UV 吸収がないものは測定できない．

②示差屈折計（RI：Referactive Index Detector）

移動相とサンプルセルに流れる溶液の屈折率を光学的に検出する．屈折率と濃度とは比例関係にあるので，古くは濃度計と呼ばれていた．分子量分布測定や糖の定量にも使用できる．一般には UV より検出感度は低いが，ほとんどの物質に使えるので，汎用的な検出器と言える．

短所 屈折率が温度によって変化するため，光学部分を恒温化する必要があり，安定するまで少し時間がかかる．

③フォトダイオードアレー検出器（PDA：Photo Diode Array Detector）

190 ～ 800 nm の範囲で 0.1 秒以内でサンプリングし，スペクトル表示，クロマト表示，等高線表示をすることができる．最近では，等高線図や 3D をリアルタイム表示することもできる．また，ピークトップの UV スペクトルの比較で試料を同定することや，標準試料のデータをもとにライブラリー検索や試料の純度をチェックすることもでき，最近では分取 HPLC にも搭載され，リアルタイムでの分取作業に用いることもある．

短所 ソフトウェアとセットで高額なものが多い．またセルの構造上，高感度のものは流速が上げられないので注意が必要．

④旋光計（OR：Optical Rotation）

HPLC にはフローセル型が使用され，主に光学異性体の検出に使用される．D 体，L 体を判別できる．

短所 分取スケールのセルはなく，大量分取の検出器としては使えない．

⑤LC-MS

液体をイオン化して質量を測定し，物質を特定する．通常は HPLC のカラムの後に接続する．流速は 0.1 mL/min 程度が限界で，流量が多い場合はスプリット[*5]が必要になる．また，一段階のイオン化ではスペクトルが得られない場合があり，そのときは二段階のイオン化で同定する．LC-MS/MS モードなどもある．

*5 スプリットとは，溶出液を微量分配する部品のこと．

⑥蛍光検出器（FLD：Fluorescence Detector）

蛍光検出器は，一般に高感度で選択性が高い．自然の蛍光物質は多くない

ので，アミノ酸などの検出では，反応試薬で誘導体化して感度を上げて検出する．構造は UV-VIS に非常に似ている．UV は吸光度を測定するが，蛍光検出器は，蛍光したスペクトルを分光して励起光を測定する．

短所 検出できる物質は限定されており，専用のシステムで構成されているメーカーも多い．

⑦光散乱検出器（Evaporated Light Scattering Detector）

絶対分子量と分子サイズが測定できる．RI よりも感度が高くベースラインも安定している．

短所 通過は液体を蒸発させるため，高流速に対応できない．また，試料の一部は回収できない（試料破壊型）．

⑧電気伝導度計（ECD：Electrical Conductive Detector）

主にイオンクロマトグラムの検出器で使われる．セル部に電極を設けて一定の電圧を印加し，イオン成分が通過した際の電流の変化を読み取ることにより，水溶液中のイオンを測定する．

短所 検出感度は高いが，温度により伝導度が大きく変化するため，装置やセル内を一定温度に保つ必要がある．

⑨電気化学検出器（ECD：Electrical Chemical Detector）

酸化・還元反応が起こる成分が測定対象である．カテコールアミンなどの生体成分の測定，カテキンや糖類の検出が可能．

短所 測定対象物が限定的で汎用ではない．

6.6 溶媒脱気装置
6.6.1 溶媒の脱気法とそのメカニズム

気体の種類によって，溶媒の中に溶け込む濃度は異なる．また単一溶媒ではなく，混合溶媒もしくはグラディエント法（溶媒組成勾配法）では，複数の溶媒が混合するため，溶媒の吸熱反応や発熱反応より，分子レベルで空気を発生する．

HPLC では，この空気の混入によってポンプの送液精度が低下し，再現性の低下，検出器からのノイズ，化学的な不安定性をもたらすことがある．したがって，あらかじめデガッサー[*6]を備えている装置もある．

*6 脱気装置（Degasser）のこと．

6.6.2 オンライン脱気装置

HPLC で溶媒の脱気を行う場合，オンラインとオフラインの二つの方法が

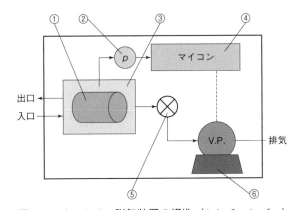

図6.6 オンライン脱気装置の構造（1chチャンバー）
各部名称：①フッ素ポリマー脱気膜 ②圧力センサー ③真空チャンバー
④制御回路 ⑤流路切替電磁弁 ⑥真空ポンプ

ある．オンラインでの脱気装置は各メーカーが製品化しおり，構造や性能などはさまざまである．図6.6に基本的な構造とメカニズムを示す．

入口から入った溶媒は，①フッ素ポリマー脱気膜を通って出口にいくまでに，③真空チャンバー内で減圧され，空気だけが脱気膜より通り抜け，⑤電磁弁を通過し，⑥真空ポンプにより脱気装置の外へと排出される．フッ素ポリマーは非多孔質膜で酸素透係数の高いものが使われ，現在では内容量ロスの少ないものも開発されている．また，チャンネル数には1系〜4系まであり，4種類の溶媒を同時に脱気できる．全長数cm〜1mの特殊なテフロンチューブが何本も束ねられたものが真空チャンバーの中に配置されている．その配管が容量をもつため，ポンプ流速が遅いとかなりのデッドボリュームがあるので考慮が必要である．

6.6.3 オフライン脱気装置

オフラインではあらかじめ溶媒を作成して，HPLCの溶媒に用いる．溶媒を購入する場合は，500 mLビン，ガロン瓶，一斗缶（18 L）が一般的である．各メーカーからさまざまなグレードのものが販売されており，不純物のきわめて少ないものもある．しかし，分析の目的によっては必ずしも精製された高価な溶媒が必要とは限らない．たとえば有機溶媒では，市販の一級・特級・HPLCグレードの中の，一級程度のもので問題なく使用できる．ただし溶媒によっては，安定剤の種類や有無などでゴーストピークを検出してしまうことがあるので注意が必要である．

代表的なオフライン脱気として，図6.7のアスピレーターを用いる方法がある．図のように配管された器具を使用し，吸引ロートにろ紙を敷き，溶媒

第6章 溶液作成に必要な器具と装置

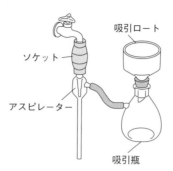

図6.7 アスピレーター　　図6.8 電気水流アスピレーター

を注いで溶媒の不純物を除きながら脱気も行うことができる．水道と一緒に流れ出るのを防ぐため，水道に直結しないで使用できる循環式の高性能のアスピレーターが各社から販売されている（図6.8）．

6.6.4 オフラインとオンラインの長所と短所

　オフライン脱気の最大の短所はグラディエント法にリアルタイムに対応できないことである．しかし，A，B，C，D液のそれぞれをあらかじめ脱気するだけでも効果がある．また，グラディエント法ではA=100％MeOH，B=100％H_2Oとし，初期溶媒組成を30％MeOHからスタートさせる場合，A=30％MeOH，B=100％H_2O，C=100％MeOHとしてそれぞれの脱気を完了させ，A=100％からBもしくはCへ勾配をかけていくと，気泡の発生が少なく，検出器ノイズを下げることができる．特に大量分取など送液流量が多くなるほど効果がある．

　オンライン脱気の長所は，事前の設定や準備作業が必要なく，スイッチをオンにするだけで脱気できることである．また減圧の制御が安定しているため，溶媒環境が安定しているのも長所である．短所は，溶解性の高い有機溶媒を用いると真空ポンプのシールなどが早く劣化することである．また，減

クロマトBOX⑥　クロマトグラフの歴史と日本人研究者

　110年前に開発されたクロマトグラフィーはカラムだけで，分離した箇所をナイフで切り，取り出していた．カラムの先端に配管をつけ，その配管を溶出してくる液を分取したのが1930年代のL. ライヒステインである．その後，注入口，分取器など，数々の装置が開発された．

　最初にクロマトグラフを市販したのはイギリスの機器メーカーであり，大英博物館に初代のクロマトグラフとして展示されている（筆者は40数年前に，このクロマトグラフに対面した）．

　基礎研究おいては，カラムと分光光度計を連結する研究が愛媛大学工学部の江頭暁博士などによって早くから進められ，成果をあげていた（1970年代）．

圧状態がモニターできない装置では，装置が不調になっても気づかないことが多く，そのまま使い続けてしまうケースが多い．また，このタイプのデガッサーは，流速が上がるに従って装置が大きくなり高価になる．

6.6.5 超音波洗浄機による脱気

ガロン瓶や試薬瓶を直接，超音波洗浄機（図6.9）の水の張った槽の中に入れる．その際，瓶の蓋を開けて空気が逃げられるようにする．超音波振動子の強さ*7 を最大にして10～20分程度放置する．

水とメタノールの混合などの場合は，効果は絶大である．実験が翌日まで続く場合は，2日目の実験前にもう一度超音波脱気を行うとより効果的である．

*7 強さはW（ワッテージ）で表される．

図6.9 超音波洗浄機

6.6.6 その他の脱気方法

①**煮沸による脱気**：精製水を使用する場合は，煮沸することで脱気が行える．
②**溶媒を温めて脱気**：液体に溶け込む気体の量は，温度が低いほど多い．したがってポンプや検出器の温度以上に溶媒を温めることにより，装置の経路内で気泡を発生するのを抑えることができる．この仕組みを備えている装置は少ないので，自作する必要がある．

6.7 有機溶媒精製装置

ノーベル化学賞を受賞したGrubbs博士の文献をもとにGlassContour社が製造している有機溶媒精製装置（図6.10）は，世界各国の研究所や大学で使用されている．加熱や蒸留が必要ないため安全である．特殊なカラムに不活性ガスと原液（溶媒）を通過させることで，溶媒中の不純物，水，空気を除去できる．溶媒の前処理としては最高レベルのものといえるだろう．

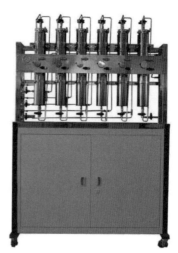

図6.10 高性能溶媒精製装置

6.8 演習

[1] 内径4cmのカラムに20μLのサンプルを注入した．カラム上部に何cm浸透するかを計算せよ．空壁率は充填剤の15%，サンプルの比重は1とする．

[2] 逆相系カラム（ODSなど）で保持力が弱いときに，イオンペア試薬を利用する場合がある．次の問いに答えよ．
 (1) なぜある成分を使えば，通常のODSよりも保持性が上がるのか説明せよ．
 (2) イオンペア試薬の濃度と温度はどれくらいにすればよいか答えよ．
 (3) 分離メカニズムの一例を示せ．

[3] 逆相系カラムで有機溶媒を用い，次にリン酸緩衝液（20%有機溶媒含有）にHPLC装置全体の流路を置き換えたい．その具体的方法を示せ．

[4] 現状使用しているカラムはアセトニトリル75%水である．新規に購入したカラムには，酢酸アンモニウム緩衝液（pH 5.8に調整）を使用する．カラム交換する際のコンディショニング法について，具体的に示せ．

[5] 試料の分子量分布をゲルろ過クロマトグラフィーで測定したい．試料の例をあげて，具体的な方法を示せ．

[6] イオンペアクロマトグラフィーの分離メカニズムを，例をあげて説明せよ．

7 次の溶離液の pH を求めよ.
(1)電離度 = 1 の 0.01 mol/L 塩酸
(2)電離度 = 0.01 の 0.1 mol/L 酢酸
(3)電離度 = 1 の 0.01 mol/L 水酸化ナトリウ０ム
(4)電離度 = 0.01 の 0.1 mol/L アンモニア水

8 実験室の空気に含まれる酸素の溶解度を計算する. 20 ℃, 1 気圧において, 酸素は HPLC 溶離液 1000 mL に 20 mL に溶ける, 20 ℃, 2 気圧で, 溶離液 2000 mL に溶ける酸素の体積は, 標準状態で何 mL か計算せよ.

第7章 溶媒回収法とそのメカニズム

7.1 回収できる場合とできない場合

逆相系カラムの溶媒には,グラディエントを行うことを想定して,主にアセトニトロルやメタノールと水を混合したものが最も多く用いられる.しかし,水を含むこれらの溶媒の回収はあまり期待できず,酸やアルカリの成分が入ると回収精度はさらに悪くなる.一方,順相系カラムや有機溶媒系GPCカラム分離などでは,限定された溶媒が使われることがほとんどである.溶媒回収率とその純度は精密HPLCで迅速に測定・判断できる.

7.2 有機溶媒の回収

ここではHPLCで使われる有機溶媒の中で,再利用可能な溶媒について,その回収方法やメカニズムを説明する.また分取HPLCの場合は,分取物

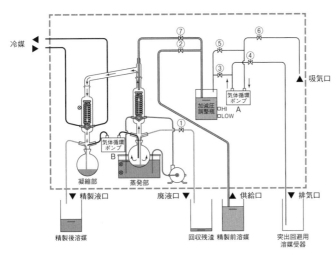

図7.1 自動溶媒回収装置の構造
株式会社創造化学研究所資料より.

92 ●————●第 7 章　溶媒回収法とそのメカニズム

の溶媒を除去するためにエバポレーターを使う工程と，溶媒回収とを，同じように考えることができる．

　現在，市販されている装置（図 7.1）では，メタノールとエタノール，アセトン（56.5 ℃），クロロホルム（61.2 ℃），ヘキサン（69 ℃），THF（66 ℃），酢酸エチル（77.1 ℃）など*1，沸点が比較的低いものが回収できる．

*1 （ ）内は沸点を表す．

　図 7.1 のように，この装置は蒸発部の蒸留塔と凝縮部の凝縮塔からなる．加減圧調整瓶が減圧になると，供給口にある精製前溶媒は移動する．次にバルブ⑦を開き，気体循環ポンプ A で加圧すると，溶媒は蒸発部へ導かれる．温度制御された蒸発部で蒸発した溶媒蒸気は気体循環ポンプ B で凝縮部へ移動し冷却され，溶媒が回収される．蒸発部に残った高沸点物質は，気体循環ポンプとバルブの開閉によって回収残渣へ排出される．これらはすべて自動的に閉回路で行われ（特許技術），環境に悪影響がないように設計されている．

7.3　演　習

1　逆相系カラムに用いる有機溶媒を 5 種類あげて，密度と沸点を記せ．

2　溶出液中に酢酸が 0.2 %含まれている．溶媒回収装置で回収した溶液中の酢酸残存量を測定する方法を示せ．
  (1)前処理と希釈
  (2)カラムの選択
  (3)クロマトグラフィーの設定

☐ クロマト BOX ⑦　　クロマトグラフィーとノーベル賞

　クロマトグラフィーの発明者である M. S. ツウェット博士は 1918 年のノーベル化学賞にノミネートされていた．植物色素（クロロフィル）に関する研究が主に議論され，クロマトグラフィーに関することはあまり取りあげられなかった．結果，次の理由でツウェットはノーベル賞を逃した．「1915 年にノーベル賞を受賞している R. ウィルシュラッターがすでにクロロフィルとその植物色素について明らかにしており，この研究はそれをしのぐものではない」．

　しかしその評価文の中で，クロマトグラフィーの技術そのものは称賛されている．2 年前にノーベル賞を得ていた R. ウィルシュテッターがツウェットのクロマトグラフィーに批判的だったのは不運だった．

　後年になって，ハンガリーの学者 I. M. ハイツが「ツウェットの発明したクロマトグラフィーは，当時としては革新的で新規性があり過ぎて，ノーベル賞を受賞できなかったのであろう」と述べた．

第8章
クロマトグラフィーの種類と溶離液の関係

8.1 主要なクロマトグラフィーと溶離液

HPLCを用いた研究や業務のうち，80%以上が分配クロマトグラフィーであり中でも逆相クロマトグラフィー[*1]が汎用されている．その他のクロマトグラフィー（付録A-4参照）の中では，イオン交換クロマトグラフィー，順相クロマトグラフィー，ゲルろ過クロマトグラフィーが比較的よく使われている．

*1 分配クロマトグラフィーの発明は，1952年のノーベル化学賞に輝いた．

8.1.1 逆相クロマトグラフィー

逆相クロマトグラフィー（RPC）は分配クロマトグラフィーの一種であり，リガンドとしてアルキル基（$C_2 \sim C_8$）などを化学的に結合させたシリカを固定相として，含水有機溶媒を移動相として溶出する方法である．現在では，シリカだけでなく他の素材のものもある．

固定相の極性が移動相の極性より小さいため，逆相クロマトグラフィーと呼ばれる．温度が分離の早さ影響を与える．カラム温度が高いほど，固定相と移動相の疎水性相互作用は小さく，溶出は早くなる．高い温度で行うと分離効率はよくなるが，室温で十分な場合が多い．タンパク質の分析の場合は溶離液の塩濃度の影響が大きいが，低分子ではあまり影響はない．低分子の場合は，有機溶媒の濃度やpH変化の影響が大きい．

検出器としてUV検出器を用いることが多いので，有機溶媒は粘性が低く，

有機溶媒	溶出力
1-プロパノール	大
2-プロパノール	↑
アセトニトリル	
エタノール	↓
メタノール	小

図8.1 溶出力の強さ

200 〜 230 mm 領域に吸収の低いアセトニトリルやアルコール類がよく使用される。有機溶媒の溶出力を図8.1に示す。このクロマトグラフィーではリニアグラディエント溶出法が汎用されている。

8.1.2. イオン交換クロマトグラフィー

イオン交換クロマトグラフィーのカラムはイオン交換体の官能基に対イオンが結合して中和状態になっており、荷電した溶質（移動相）は固定相に結合している対イオンとイオン交換反応を行う。溶質は、固定相とのイオン親和性の違いによる移動速度差によって分離される。

イオン交換体の種類は陽イオンと陰イオンとに分けられ、さらに強イオンと弱イオンのカラムがある[*2]。イオン交換クロマトグラフィーの溶離液には緩衝液が用いられることが多く、典型的なアミノ酸分析では pH の変化によるステップグラディエント法が用いられる。

*2 SA：強酸性，WA：弱酸性，SB：強塩基性，WB：弱塩基性のように略記する。

8.1.3　順相クロマトグラフィー

順相クロマトグラフィーでは、溶質は固定相に対する吸着力が違うため、異なる速度でカラム内を移動することにより分離される。カラムの固定相に吸着する力が強いほど、溶質の移動速度は遅くなる。アルミナやシリカゲルのカラムを用い[*3]、非極性溶媒を使用する。非極性溶媒の種類については、本書の5.3節に記している。

*3　クロマトグラフィーが発明された当時は炭酸カルシウムが多く用いられていた。

8.1.4　ゲルろ過クロマトグラフィー

ゲルろ過クロマトグラフィーでは、試料中の各分子は充填剤の網目の中に出入りしながら溶出されていく。小さな分子はこの網目の中に入り込み溶出が遅くなる。これに対して大きな分子は網目構造のマトリックスに入れず、早く溶出されていく。いい換えれば、この網目構造のマトリックスに対する分子の拡散度合いの差が分離の要因である。もっと大きな分子だとほとんど拡散することなく、早く溶出する。分子の大きさだけによって分離させたいため、溶出液は吸着やイオン性分配を防ぐために 0.15 M 以上の塩を含む溶液が用いられる。

8.1.5　有機溶媒系 GPC（ゲルパーメションクロマトグラフィー）

前項のゲルろ過クロマトグラフィーは、GPC と同様な意味として使われている。この GPC モードカラムを使ったリサイクルクロマトグラフィーで用いられる疎水性有機溶媒について説明する。この GPC カラム内には、多孔性高分子（スチレン－ジビニルベンゼン共重合ゲル）が充填されており、

オリゴマーからポリマーまで広範囲の分子量の試料が処理できる分取用カラムである．処理能力が高く，一度に通常は300 mg，最大で1000 mg程度まで注入できる．分取スケールで一般的に用いられるカラムサイズを図8.2に示す．また，使用できる溶媒やUV検出器で使用できる吸光波長，屈折率について表8.2に示す．

有機合成研究室のGPCカラムの80％近くではクロロホルム（沸点61.2℃）が使われている．GPCの性質上，分子量（正確には分子サイズ）の差で分離が行われる．すなわちクロロホルムに溶ける試料であれば，ほとんどの試料は吸着することなく分離し，回収率も高く保つことができる．また再現性のよさから，リサイクルをすることによって一度で分離しなかった試料を何本ものカラムを通したと同じような分離が得られ，分離精製におおいに活用されている．

図8.2　日本分析工業社製　JAIGEL HRシリーズ φ 20 × 600 mm
および JAIGEL GSシリーズ φ 20 × 500 mm

表8.2　GPCカラム系溶媒

溶媒名	沸点（℃）	使用可能な吸光波長	屈折率	可燃性
クロロホルム	61.2	245nm 以上	1.4458	×
THF	66	235nm 以上	1.4072	◎
ジクロロメタン	40	230nm 以上	1.4244	×
ジクロロエタン	83	230nm 以上	1.444	◎
DMF	153	268nm 以上	1.430	◎
酢酸エチル	77.1	256nm 以上	1.3724	◎
トルエン	110.63	284nm 以上	1.4969	◎

8.1.6　SEC（サイズ排除クロマトグラフィー）

GPCに似た，親水性SECモードカラムを使用したリサイクルクロマトグラフィーで用いられる親水性有機溶媒について説明する．充填材にPVA[*4]を用いたカラムでSECモードが主体であるが，溶離液の選択により逆相モード，HILIC（親水性相互作用クロマトグラフィー）モード，イオン交換モードなどを取り入れたマルチモードでの使用が可能である．分子量値の近いペプチド，核酸などの相互分離に適しており，タンパク質分析における脱塩，バッファー置換に使用できる．このカラムの使用できる溶媒やUV検出器で

*4　PVAとはヒドロキシ基を多くもつ重合体で，ポリ酢酸ビニルを分解して製造される．

96 ●————●第8章 クロマトグラフィーの種類と溶離液の関係

表8.3 SEC カラム系溶媒

溶媒名	沸点（℃）	使用可能な吸光波長	屈折率	可燃性
水	99.97	190nm 以上	1.3334	×
アセトニトリル	81.6	190nm 以上	1.345	◎
メタノール	64.51	205nm 以上	1.361	◎
エタノール	78.3	210nm 以上	1.3618	◎
アセトン	56.3	330nm 以上	1.359	◎
DMSO	189	286nm 以上	1.479	◎
DMAc	153	268nm 以上	1.43	◎

使用できる吸光波長，屈折率について表8.3に示す．

8.1.7　イオンペアクロマトグラフィー

　イオンペアクロマトグラフィーとは，測定分子とイオンのペアを形成し，保持時間を長くする方法である．イオン交換クロマトグラフィーではイオン性物質と非イオン性物質が同時に分離できないため，イオンペアクロマトグラフィーが用いられる．

　イオンペアクロマトグラフィーは，移動相中にイオンペア試薬を混ぜて行う逆相クロマトグラフィーである．よって，イオンペア試薬のモデルには，次の二つがある．

①イオンペア試薬が解離しているイオン性化合物と一緒になり，解離が打ち消され，逆相充填剤に保持されるモデル．
②イオンペア試薬の非極性部分が逆相固定相に吸着され，充填剤自身がイオン交換的作用をするモデル．

　イオンペアクロマトグラフィーでは，イオンペア試薬の種類と濃度はもちろん，温度も保持に大きく影響する．したがって，カラム温度を一定に保つことが重要である．一般に，温度を上げると，保持力は小さくなる．

　酸性試料の場合はアルキルアンモニウム塩が，塩基性試料の場合はアルキルスルホン酸塩がイオンペア試薬として用いられる．一般にイオンペア試薬のアルキル鎖が長くなるほど試料の保持力は大きくなる．また，イオンペア試料の濃度が高くなるほど試料の保持力は大きくなる．イオンペア試薬の反応と手順を図8.3に示す．

　カウンターイオンとしては，酸性物質の分離にはテトラアルキルアンモニウム塩が，塩基性物質の分離にはアルキルスルホン酸塩が一般的で，0.005〜0.1 mol／Lの濃度で用いる．

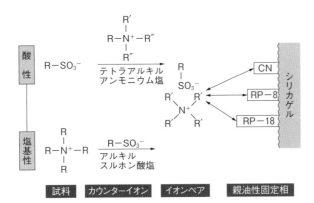

図8.3 イオンペア試薬の反応と分析手順

8.1.8 アフィニティークロマトグラフィー

従来のクロマトグラフィーは充填剤の物理化学的相互作用を軸に物質を分離していたが，アフィニティークロマトグラフィーは生物化学的な特異的な親和力を分離の要因にしている．その親和力の実態は弱い化学結合，すなわち静電引力，疎水結合，ファンデル・ワールス力[*5]などが複合したものである．わずかなアミノ酸配列の変化で，抗体や酵素の特性は大きく変わり，接する分子との親和性も変化する．アフィニティークロマトグラフィーはこのような分子特異性を利用して分離する方法なので，生体物質の分離および精製に効果的である（図8.4）．

アフィニティークロマトグラフィーの利点は生物学的活性の均一な分子を一段階で分離精製できることにある．たとえば，イオン交換クロマトグラフィーとゲルろ過クロマトグラフィーを組み合わせることによって，血清からイムノグロブリン分子を分離精製できるが，個々の抗原に対する抗体分子に分けることはできない．これに対して，抗原を固定化した吸着体を用いる

[*5] ファンデルス・ワールス力は，クロマトグラフィー的には分子間に働く引力，反発力のことで分離に影響する．

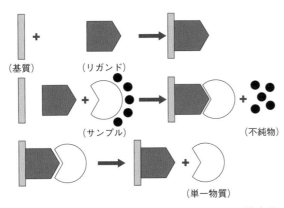

図8.4 アフィニティークロマトグラフィーの模式図

98 ●────●第8章 クロマトグラフィーの種類と溶離液の関係

　アフィニティークロマトグラフィーでは，目的の結合親和性のある抗体のみ
を一段階で分離精製できる.

　アフィニティークロマトグラフィーの通常のカラムは，充填剤に試料成分
に親和性のある分子を固定させたものである. この固定された分子をリガン
ドという. リガンドを固定したカラムに試料を注入して目的成分を保持させ,
その後，異なる溶離液で溶出させる. 目的成分だけを保持できるので，分離
精製度が高いのが特徴である.

　分取したい成分をカラムに保持させる必要があるので，分子したい成分分
子が外れないような緩衝液を用いる. 次に，不純物などをカラムより追い出
す必要があるので,クリーンアップのためにきわめて薄い緩衝液で洗浄する.
続いて，目的成分分子を溶出するために，濃い緩衝液を用いる.

　たとえば，異なる rRNA の分離には L-リジンをカップリングさせたゲル
をカラムに詰めたものを使うとよい結果が得られる. カラムはトリス塩酸緩
衝液で平衡化させておく. 溶離液は 0.05 M 程度で rRNA を含む試料を添加
し，順次 0.30 M で上昇させるリニアグラディエント法で溶出する.

8.2　イソクラティックとグラディエント溶離液

　クロマトグラフィーの溶媒の扱い方として，イソクラティック法とグラ
ディエント法がある. イソクラティック法では，分析が開始されサンプルを
注入し，分析が終了するまで同じ溶媒を使用する. 一方グラディエント法で
は，溶媒の混合比を変化させ，カラムの充填材の極性に対して溶媒の極性に
勾配をつけ，分離を促進させる. 分析開始後は，極性を小→大，または大→
小へとポンプのプログラムで変化させる.

　現在では，グラディエント装置を備えていないものは HPLC ではないと
いっても過言ではない. 分離能が高すぎて分離時間が長すぎる場合に，グラ
ディエント溶離法を活用すれば時間を短縮することができる. たとえば，A
液 2% から B 液 75 % までで分離させ，B 液 90 % でカラムが洗浄できる.

　グラディエント溶離法では,二つのポンプから溶液が出て混合されるので,
気泡が生じやすいことには注意が必要である. したがって，使用時には念入
りに脱気しなければならない.

8.2.1　グラディエント溶離液の作り方

　通常は 2 液グラディエントを，ときには 3 液グラディエントを用いる.
ODS 系のカラムの場合，極性の高い純水の割合を最初は高くし，極性の低
いアセトニトリルなどの割合を次第に上げていく. イオン交換の場合は，塩
（リン酸塩）濃度を上げていく. 緩衝液どうしのグラディエント溶離液の作

成では，結晶や沈殿などが生じやすいので，HPLC を行う前に，ビーカーテストで沈殿の有無を確かめておくとよい．特に，低温条件でグラディエント法を実施する場合は注意を要する．ODS 系を逆の ARG シリカ[*6] によって分離する場合は，初期液が有機溶媒で，それが順次水系に置き換わる．この場合，微量のメタノールを含んだ 40 〜 45 ℃の純水でカラムを洗浄するのがよい．

[*6] アルギニンを修飾したシリカ充填剤．

8.2.2　高圧溶媒グラディエントと低圧溶媒グラディエント

HPLC の溶離液の送液は，溶媒の混合する位置（送液ポンプの入口側か出口側か）により，低圧グラディエントと高圧グラディエントの 2 種類に分けられる（図 8.5）．低圧グラディエントでは，送液ポンプの吸引側，つまり圧力が加わっていない箇所で溶媒を混合する．逆に高圧グラディエントでは，送液ポンプの吐出側，つまり圧力が加わった箇所で溶媒を混合する．低圧グラディエントは，吸引グラディエントとも呼ばれる．通常の分析においては，両者の精度にはそれほど差はない．

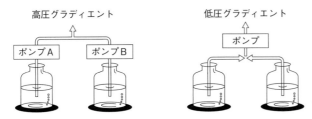

図 8.5　高圧グラディエントと低圧グラディエントの違い

高圧グラディエントの利点は，①高圧下で混合されるため，気泡が発生しやすい組合せの溶媒でも気泡が発生しにくいことと，②分析カラムに近い位置で混合されるため，カラム内の溶離液組成の変化に対する時間の遅れが少なくてすむことがある．欠点としては，混合する溶媒の数だけ送液ポンプが必要なため，装置のコストが高くなることがある．

一方，低圧グラディエントは，1 台の送液ポンプと電磁弁で構成されるため，シンプルであることが利点である．欠点としては，大気圧下で混合されるため気泡が発生しやすいことがあげられる．混合により熱（混合熱）が発生する溶媒の組合わせではさらに顕著になる．つまり，混合により熱をもった溶媒がポンプのプランジャー部で減圧，圧縮されるので，気泡が発生する可能性がかなり大きくなる．この欠点を補うために，低圧グラディエントの装置には脱気機能をつける必要がある．

低圧および高圧グラディエントの装置に必要なオンライン脱気装置は，6.6

8.3 溶離液のろ過

図8.6 市販されているペーパーろ紙

通常の市販品のろ紙には定性分析用と定量分析用があるが，HPLC溶離液には定性分析用ろ紙を用いる（図8.6）．ろ紙はセルロースからできており，有機溶媒や酸，塩基に対応している[*7]．濃硫酸などの脱水作用の強力なものや強力な酸化剤をろ過したいときは，セルロースろ紙ではなくて，ガラスフィルターを使う．通常の溶離液作製時には，このような強力なものはろ過しないので，セルロースろ紙で十分である．ろ紙の目の細かさは，沈殿保持性によって区別されている（表8.1）．沈殿をかき集めることができるように，紙の表面は硬くなっている．

*7 ろ紙の原料は，精製した繊維を主にしたもので，均一な細孔径組織をもち，セルロース含有90%以上，銅価1.6以下，pH 5.0〜8.0，灰分重量0.2%以上と規定されている．

表8.1 ろ紙の目の細かさ
（　）内は100 mLの純水をろ過するのにかかる秒数

1種	粗大ゼラチン状沈殿用（80以下）
2種	中位の大きさの沈殿用（120以下）
3種	微細沈殿用（300以下）
4種	微細沈殿用の硬質ろ紙（1800以下）

緩衝液を作る際は，2種で一度ろ過して，次に3種を通過させるとよい．通常のHPLC溶離液であれば，4種で十分である．

水系専用，有機溶媒専用のものがあるので，溶離液にあわせて選ぶ必要がある．HPLCでは紫外吸収検出の高感度なものを用いるので，UV吸収のレベルが低いことが条件になる．かなり微細な細孔径のメンブレンフィルターが製品化されており，最も微細な孔径は0.2 μmのものもある（図8.7）．通常は0.45 μm孔径で十分であり，0.2〜2.0 μmまで市販されている．品質管理などの分析にHPLCを使用している場合は，目詰まりなどを考慮し，0.8〜1.0 μmで十分であろう．再使用はせず，廃棄する場合が大半である．

図 8.7　メンブレンフィルター

　ハウジングはポリプロピレン系でフィルターはホウケイ酸グラスファイバーが多い．多層のものやラミネートされたものまで市販されている．フィルターサイズも 10 〜 50 mm まで種々あるので，実験に適したもの選ぶ必要がある*8．

8.4　溶離液の保管方法

8.4.1　緩衝液の保管

　ゲルろ過クロマトグラフィーやイオン交換クロマトグラフィーに用いる緩衝液は，微生物によって腐敗するので，低温で保存する必要がある．一般的な冷蔵庫で，8 ℃前後で保管すればよい．8 ℃よりも低くすると悪影響が出ることもある．保管は 1 カ月程度にとどめること．

8.4.2　有機系溶離液の保管

　逆相系クロマトグラフィーに汎用されている有機溶離液は揮発性があるので，暗所で低温保管する．特に夏は温度が上がるので冷蔵庫で保管すること．保管時には密封することが必要である．

8.4.3　水の保管

　基本的には純水装置でそのたびに作成したものを用いる．空気中の微量成分を吸収する可能性が大きいので，新しく作るのがよい．

8.4.4　溶離液の劣化阻止の工夫

　溶離液が変化するとリテンションタイム（Rt）が安定せず定量できない．それを防ぐ小さな工夫が以下の五つである．

①溶離液の瓶は口の小さいもので，できれば HPLC 専用ビンがよい．大き

*8　グラスファイバー系のメンブレンフィルターもあり，粘度が比較的高い場合に重宝する．しかし，HPLC 溶離液では粘度の低いものを用いることが多く，通常のセルロース系ファイバーで十分である．

な口のビンでは空気中のガスが溶存する.

②気温が25℃を超えると蒸発も気になるので,氷水を受け皿に入れておく. 20℃近辺にしておけばよい.

③分析に差し支えない安定剤があれば混合しておく. たとえばTHFの安定剤であるBHTなどを加える.

④緩衝液を溶離液として用いるときは,低温にすること. 高温だと沈殿が生じることがある.

⑤水溶液を溶離液として用いる場合は,差し支えなければ防腐剤を微量混合すると効果的である.

8.5 溶離液の置換方法

溶離液を作ったら,次はクロマトグラフへの送入となる. この際,ほとんどの場合にクロマトグラフの溶離液タンクには前分析の溶離液が入っていて,クロマトグラフの配管路やカラムは前溶離液で満たされている. よって

表8.5 HPLCで使用される溶媒の性質

溶媒	極性 ε° (Al2O3)	粘性率 (mPa s; 20℃)	UV透過限界 (nm)	屈折率 (20℃)	沸点 (℃)	溶媒	極性 ε° (Al2O3)	粘性率 (mPa s; 20℃)	UV透過限界 (nm)	屈折率 (20℃)	沸点 (℃)
ペンタン	0.00	0.24	200	1.357	36.1	アセトン	0.56	0.30	330	1.359	56.3
ヘキサン	0.01	0.31	200	1.375	68.7	エチルメチルケトン	0.51	0.42	329	1.379	79.6
ヘプタン	0.01	0.42	200	1.388	98.4	イソブチルメチルケトン	–	0.54	334	1.396	116.5
2,2,4-トリメチルペンタン	0.01	0.50	215	1.391	99.2	ジエチルエーテル	0.38	0.24	218	1.352	34.6
ノナン	–	0.72	200	1.405	150.8	ジイソプロピルエーテル	0.28	0.37	220	1.369	69.0
デカン	0.04	0.92	210	1.412	174.1	テトラヒドロフラン	0.45	0.55	212	1.407	66.0
シクロペンタン	0.05	0.47	210	1.409	49.3	1,4-ジオキサン	0.56	1.44	215	1.442	101.3
シクロヘキサン	0.04	0.98	200	1.426	80.7	炭酸プロピレン	–	–	–	1.419	240.0
ベンゼン	0.32	0.65	278	1.501	80.1	メタノール	0.95	0.55	205	1.328	64.7
トルエン	0.29	0.59	284	1.497	110.6	エタノール	0.88	1.20	210	1.361	78.3
o-キシレン	0.26	0.81	288	1.505	144.4	1-プロパノール	0.82	2.26	210	1.386	97.2
m-キシレン	0.26	–	290	1.496	138.5	2-プロパノール	0.82	2.86	205	1.377	82.3
ジクロロメタン	0.42	0.45	233	1.424	39.8	2-メトキシエタノール	–	1.72	210	1.402	124.6
クロロホルム	0.40	0.58	245	1.446	61.2	1-ブタノール	–	2.95	215	1.399	117.7
四塩化炭素	0.18	0.97	263	1.460	76.8	2-ブタノール	–	4.21	260	1.397	99.6
1,2-ジクロロエタン	0.49	0.79	230	1.445	83.4	イソブチルアルコール	–	4.70	200	1.396	107.7
トリクロロエチレン	–	0.57	273	1.477	87.2	2-エトキシエタノール	–	2.05	210	1.408	135.6
テトラクロロエチレン	–	0.93	295	1.506	121.2	アセトニトリル	0.65	0.34	190	1.344	81.6
塩化n-ブチル	–	0.47	220	1.402	78.4	ジエチルアミン	0.63	0.38	275	1.387	56.0
クロロベンゼン	0.30	0.80	287	1.525	131.7	N,N-ジメチルホルムアミド	–	0.92	268	1.430	153.0
o-ジクロロベンゼン	–	1.32	295	1.551	180.5	N,N-ジメチルアセトアミド	–	2.14	268	1.438	166.1
二硫化炭素	0.15	0.37	380	1.626	46.3	ピリジン	0.71	0.95	330	1.510	115.3
酢酸メチル	0.60	0.37	260	1.362	56.3	N-メチル-2-ピロリドン	–	1.67	285	1.488	202.0
酢酸エチル	0.58	0.46	256	1.372	77.1	ジメチルスルホキシド	0.62	2.20	286	1.478	189.0
酢酸n-ブチル	–	0.73	254	1.394	126.1	酢酸	大	1.31	–	1.372	117.9
酢酸2-メトキシエチル	–	–	254	1.402	144.5	水	大	1.00	–	1.333	100.0

8.5 溶離液の置換方法 ━━ 103

配管路，カラム内を新しい溶離液に置き換える必要がある．溶離液の種類によって，それぞれ適した置換方法がある．

　下記のクロマトグラフは分析用 HPLC を想定し，カラムは 150 mm，φ4.2 をベースにしている．溶離液が置き換わった際は必ずベースラインの乱れをクロマトグラムでプロットして確認すること．その際，RI 検出器のベースラインの変動で溶媒の入れ替わりを確認できる．ただし，リファレンスの置換作業を忘れないように注意すること．

8.5.1　溶離液が同一の場合

　古い溶離液が多少変化しているかもしれないので，旧液と新液を同量混合（約 50 mL）して，1.0 mL ／ min で 5 〜 10 分間流し，新液で 10 分間程度送液し，安定させる．

8.5.2　濃度だけが違う場合

　急激な濃度変化を防ぐために，20% 旧液 80% 新液を約 50 mL 調整し，1.0 mL ／ min で 5 〜 10 分間流し，新液で 10 分間程度送液し，安定させる．

8.5.3　有機溶媒の種類が違う場合

　HPLC で頻繁に使用される有機溶媒は，逆相クロマトグラフィーの場合，メタノール，アセトニトリル，エタノールなどである．これらの溶離液は液性が近いので，旧溶離液と新溶離液を同量混合し，1.0 mL ／ min で 5 〜 10 分間流し，新液で 10 分間程度送液し，安定させる．

8.5.4　緩衝液から有機溶媒への置換

　この溶離液の置換の際は，配管路内に沈殿を生じさせる可能性があるので，

□ クロマト BOX ⑧　　　溶離液の変化を抑える工夫

　溶離液が変化するとリテンションタイム（*Rt*）が安定せず，定量できない．それを防ぐための小さな工夫ベスト 5 をあげてみる．

①溶離液のビンは口が小さく，できれば HPLC 専用のものがよい．大きな口の瓶では空気中のガスが溶存する．
②気温が 25 ℃程度になると蒸発も気になる．そういう場合は氷り水を受け皿に入れておく．20

℃近辺まで温度を下げるとよい．
③分析に差し支えない安定剤があれば混合しておく．たとえば THF の安定剤である BHT など．
④緩衝液を溶離液として用いるときは温度が低くなりすぎないようにすること．低温だと沈殿が生じる場合がある．
⑤水溶液を溶離液として使用する場合は，支障がなければ防腐剤を微量混合すると効果的である．

104 ●————●第 8 章　クロマトグラフィーの種類と溶離液の関係

*9　配管内に沈殿物が生じ
れば，カラムや検出器が詰ま
り，使用できなくなることが
あるので要注意.

それを防ぐように置換する必要がある*9.

　緩衝液はお湯によく溶けるので，まずはカラムを 40 〜 45 ℃に温めておく.
次に純水を約 45 ℃に温めて溶離液タンクに入れる（ここで約 40 ℃まで温
度は下がる）.約 40 ℃の純水で約 15 分間送液し，次に新有機溶媒 80%，
20% 純水を混合し，1.0 mL ／ min で 5 〜 10 分間流し，新液で 10 分間程度
送液し，安定させる.

8.5.5　有機溶媒から緩衝液への場合

　水の濃度を順次，上げていく.旧有機溶媒 20%，純水 80% で 1.0mL ／
min で約 10 分間流し，その後，新溶離液で約 10 分間程度送液し，流路安定
化するためにその後 10 分間送液する.

8.5.6　溶離液の pH のみが違う場合

　pH は数値が変わりやすいので，pH のみが違う場合は，液性はほとんど
同じである.したがって旧液と新液を同量混合し，1.0 mL ／ min で約 10 分
間送液後，新液に置き換えて約 10 分間送液し，その後，安定化のために 10
分間送液する.

8.5.7　緩衝液と有機溶媒混合溶離液の場合

　有機溶媒中には水溶性試薬はほとんど溶解しないので，微量の有機物（有
機溶媒）が水溶液に溶け込んでいる.上述の⑤を参照して，同様に実施して
いけばよい.

8.6　装置配管およびカラムのコンディショニング
8.6.1　装置の洗浄

　HPLC 装置は，スタートが溶媒を吸い込むサクションフィルタ部で，ゴー
ルは廃液ビンに導かれるチューブ端である.1 mL/min でカラム容量の 3 倍
を流して溶媒を置き換えるとなると，1 〜 2 時間に及ぶ場合がある.カラム
へ目的の混合溶媒を流す前に，一度カラムを外し，入口と出口を直結して装
置内の配管経路を洗浄すると平衡化の時間の短縮できる.最近は，これらを
すべて自動で行う装置もあるので活用したい.

8.6.2　カラムのコンディショニング（平衡化）

　基本的には，固定相と移動相が平衡状態に近くなるようにカラムを調製（送
液）することが重要である.たとえばオープンカラムなどは，カラムの充填
後，ある程度の量の溶離液を流してなじませる必要がある.下記に各分離モー

ドにおける平衡化の注意点を述べる.

順相クロマトグラフィー：水に強い吸着があるので，疎水性溶媒に溶存する水を脱水した疎水性溶媒を十分に送液するとよい.

逆相クロマトグラフィー：溶媒組成によって分配・吸着のどちらの作用も変化する. 溶媒極性が強いほど，平衡化に時間がかかる.

分配クロマトグラフィー：前記のように両相を調製するが，固定相を保持体にコーティングした状態での真の平衡点は，はじめの平衡から少しずれた点にあると考えられる.

吸着クロマトグラフィー：混合溶媒を用いる場合にも，その各成分の吸着剤に対する吸着性に差があるので，最初のうちは前端分析のような形で分離が起こる.

イオン交換クロマトグラフィー：両相中の各イオンの間に複雑な平衡関係があり，コンディショニングされていないカラムに溶離液を流すと，いろいろな過渡現象が生じる. 移動相のpHとイオン強度（塩濃度）の調整や，サンプルのバッファーに対する移動相にも注意が必要である.

8.7 演 習

1. クロマトグラフィーの種類のRPCとGPCとSECを比較せよ.
   (1)溶離液性について
   (2)分離のメカニズム

2. 生体成分中のタンパク質の分子量を測定したい. どのモードのクロマトグラフィーを用いるのか示し，その特徴を記せ.
   (1)溶離液について
   (2)使用するカラムについて

3. 測定する前のHPLC装置のコンディションについて記せ.

4. 逆相系カラム（ODSなど）で保持力が弱いときにイオンペア試薬を利用することがある. 次の問いに答えよ.
   (1)なぜ，ある成分では通常のODSよりも保持性が上がるのか説明せよ.
   (2)イオンペア試薬の濃度と湿度について.
   (3)分離メカニズムの一例を示せ.

5. 逆相系カラムで有機溶媒を用いていて，次にリン酸緩衝液（20%有機溶媒含有）にHPLC装置全体の流路を置き換えたい. その具体的方法を示せ.

付　録

付録1　分配クロマトグラフィーの分配係数

クロマトグラフィーでは，成分の濃度分配，すなわち分配係数 k' が溶出時間にかかわる．分子 A が溶出する時間 tA（時間）は，HPLC の流速でカラムの長さを割れば求められる．

t_A（時間）= カラム（CL）÷ 流速（v）

この式は障害なく溶出が進む（分配係数 k' が関与しない）場合であるが，実際はカラム内で分配濃度差が生じ，その値を考慮する必要がある．

t_A（時間）= カラム（CL）×（k' + 1）/ 流速（v）　　①

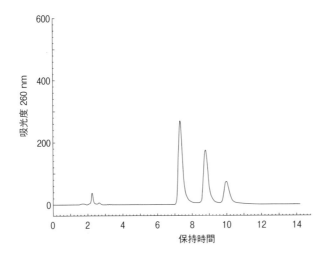

式①より，上図のクロマトグラム（ヌクレオチド類の分析）の Rt7.2 の分配計数 k' が 20/80 とすれば，Rt7.2 を式①の t_A に代入して，カラム（CL）/流速（v）= 5.76 を得る．よって Rt10.2 のとき，10.2 = 5.76（k' + 1）より，k' = 77/100 を得る．このように，Rt10.2 の分配計数は 77/100 になる．

付録2　充填剤の多孔質層の形

充填剤の開発が活発に行われており，分離能の高いものが多く市販されるようになった．たとえば下図のように，ソリッドコアが 1.7 μm で，その上にポーラスシェルを 0.5 μm かぶせているものなど，耐圧性にすぐれ，カラム効率も高い製品がどんどん開発されている．自分が使っている充填剤がどのような構造をしているのか，理解しておくことは必要であろう．

ポーラスシェル
ソリッドコア

付録3　イオン交換体の比交換容量

前処理にイオン交換樹脂を利用することは多いので，その能力といえる交換体の比交換容量を把握しておくのは大切である．ここでは陽イオン交換体を例に示す．

交換体の比交換容量にもよるが，試料の採取量は，通常のイオン交換樹脂なら乾燥重量で 2 g 程度が適当である．交換体を極度に乾燥させると，粒子が破砕したり，性能が劣化したりする恐れがあるので，測定する交換体を直接乾燥させるのではなく，次のような方法を用いるのがよい．

まず，ろ紙に挟んで，交換体の表面に付着している液を除く．よくかき混ぜて，できるだけ水分の含量にむらがなくなるようにする．厳密に測りたい場合は，密閉した容器中でしばらく放置するとよい．この一部をはかりビンに取って，湿潤重量と乾燥重量を測る．残りの部分から乾燥重量約 2 g に相当する量を湿潤重量によって測り取り，比交換容量の測定に用いる．このようにして，測定に用いた交換体の乾燥重量を知ることができる．

こうして測り取った交換体を適当な大きさのクロマトグラフ管に充填してカラムを作る．ここに，交換体が完全に H^+ 形になるまで 2 N 塩酸を通す．完全に H^+ 形になったことを確認するには，たとえば交換体がはじめ Na^+ 形であったとすれば，流出液中に Na^+ が検出されるかどうかを見ればよい．次に水を通して，流出液が酸性を示さなくなるまで洗う．これに濃度が正確にわかっている水酸化ナトリウム溶液の過剰量を正確に測って通す．流出液は 100 mL のメスフラスコで受ければよい．さらにカラムを水で洗い，その洗液もメスフラスコで受ける．メスフラスコに水を加えて定容し，その 10 mL ずつを取って 0.1 N 塩酸標準溶液で滴定し，消費された水酸化ナトリウムの量を求める．

水酸化ナトリウム溶液によって消費された量を求める代わりに，塩化ナトリウム溶液を用いて，生成した塩酸を水酸化ナトリウム標準溶液で滴定する方法もある．この場合は，用いる塩化ナトリウムは交換体の H^+ を完全に追い出す量でよく，正確に濃度や液量がわかっている必要がないので，操作は楽になる．ただし，この方法は弱酸性交換体には用いることができない．

逆に，Na⁺形の交換体に，塩酸を通してその消費された量を求める方法も考えられる．この方法は特に弱酸性交換体に適している．またH⁺形になった交換体をカラムから取り出してビーカーに移し，水酸化ナトリウム標準溶液で直接に滴定する方法もある．この方法は強酸性交換体の場合にはよいが，弱酸性交換体の場合は反応速度が遅いので，滴定に時間を要する欠点がある．

付録4　ODS 充填剤の製造方法

　HPLC カラムの 70% 以上を占めている ODS カラムの充填剤の製法を知っておくことはクロマトグラファーとして必要であろう．

・充填剤に使用されるシリカゲル

HPLC 充填剤に使用されるシリカゲルには，一般に全多孔性球状シリカゲルが用いられている．シリカゲルの表面にはシラノール基（SiOH）が多数存在しており，単位面積あたりの存在数は約 8.5 mmol/m² である．シリカゲルの細孔径に依存する単位重量あたりの面積から，そのシリカゲルのシラノール基の数を算出できる．これらのシリカゲルの物性は，逆相クロマトグラフィー充填剤を製造するうえで重要な要素である．

・ODS 充填剤の製造方法

アルキル系充填剤は，簡単な化学合成で製造できる．シリカゲルにシリル化剤として $C_{18}H_{37}Si(CH)_2Cl$（オクタデシルジメチルクロロシラン，図を参照）をトルエンに溶解し分散させながらピリジンを加え反応させると，シリカゲル表面のシラノール基に ODS 基が結合した C_{18} 型充填剤ができる．しかし，シリカゲル表面にはアルキルシリル化反応後もシラノール基が残る．シラノール基は溶質と水素結合を形成し，また中性条件下では電離してイオン交換基として働く．このシラノール効果を最小にするために，短鎖のシリル化剤（TMS など）で反応を行う．これを二次シリル化もしくはエンドキャッピングという．

シリカゲルの表面

ODSシリカの表面

・シリル化剤の種類と特性

逆相クロマトグラフィーにおける固定相へのオクタデシル基の密度の効果は，試料の分子形状に対する選択性に反映され，オクタデシル基の密度が高いほど，かさ高い分子（binaphthyl, o-terphenyl など）と比べて立体障害の少ない平面的な分子（perylene, tri-phenylene など）の保持が相対的に有利となる．したがって同程度の疎水性をもち立体的にかさ高いものと，平面的な試料の分離係数が，固定相の密度に対し情報を与えると考えられる．

またオウタデシルメチルジクロロシランやオクタデシルトリロロシランの
ようなシリカゲルと反応する複数の官能基をもつシリカゲル化剤から合成し
た固定相（ポリメリック型）は，オクタデシルジメチルクロロシランから合
成した固定相（モノメリック型）と比べて大きな α（T/O）値を示し，シリ
ル化剤の種類は平面認識性に反映されると考えられる．すなわち，一官能性
のシリル化剤から合成された固定相は疎水性で大で平面認識性が小さく，逆
に三官能性シリル化剤から合成された固定相では相対的に小さな疎水性と大
きな平面認識性をもつ．

付録5　フラッシュクロマトグラフィーの活用

　フラッシュクロマトグラフィーはHPLCを有効に使いこなすために必要な前処理装置である．下図のように幅広く活用できる．装置のサイズも小型，中型，大型と必要に応じて選ぶことができる．

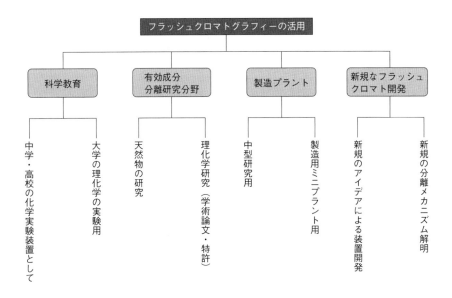

付録6　フラッシュクロマトグラフィーに適したODS

　オープンカラムクロマトグラフィーは，安価で簡易に大量分取・大量精製ができるすぐれた手法で，現在，順相条件での分離が主流となっている．しかしHPLCでは逆相条件での使用が中心であり，オープンカラムクロマトグラフィーにおいても逆相系充填剤が用いられるようになってきた．とはいえ，従来の逆相系充填剤は展開溶媒の水濃度が30〜50％になると充填剤の展開溶媒になじまなくなり，極端な場合には充填剤が浮き上がるため，用いる展開溶媒の水濃度には著しい制限があった．

　コスモシールC_{18}—OPN充填剤はこの制限を全く受けず，水100％でも浮き上がることなく使用できる，新しいオープンカラムクロマトグラフ用の浸水型逆相充填剤である．図に示したようにC_{18}型充填剤の外側表面を親水性化し，極性の高い展開溶媒との親和性を向上させ，かつ充填剤の細孔内部のオクタデシル基の疎水性によって，疎水性相互作用による逆相分配型の分離を達成させる浸水型の逆相充填剤である．

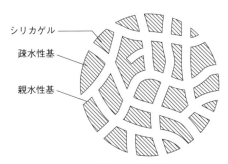

（ナカライテスク㈱提供）

付録7　HPLC分析判断表

　測定したい成分が分かったら，次はどのようなクロマトグラフィーを使うかを考えることになる．その際，図のように選んでいけば，16種類のクロマトグラフィーにたどりつく．クロマトグラフィーが決まれば，それに即したカラム，溶離液，検出器を選んでいく．

　カラムの性能を十分発揮させるには，やはり溶離液が重要になる．HPLC分析では，カラムに不純物が入り，性能が劣化したり圧損失が大きくなったりすると，分析を進めることはできない．当たり前であるが，試料中の不純物は少ないほどよい．試料はクリーンであればあるほどよい．ゆえに試料の前処理は大切なのである．

　しかし主目的の成分の損失，目減りが生じるようでは意味がない．このあたりがクロマトグラファーの腕の見せ所となる．

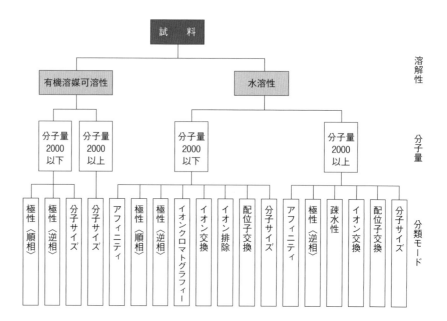

付録8 残留農薬試験用固相抽出カラム

ポリマーゲル（スチレンジビニルベンゼン－メタクリレート系ポリマー）を吸着素材に用いて残留農薬を迅速かつ簡便に前処理する固相抽出カートリッジである.

【特徴】

①ポリマーゲルを用いた親水性をもつ疎水性ゲルであり，水中に存在する微量疎水性成分の濃縮に有効.

②高極性や金属配位性成分（アシュラム・オキシン銅）のような回収されにくい農薬に対しても高い回収率を示す.

③カラムプロセッサ spe（減圧濃縮装置）により 50 分以内に 24 検体同時処理が可能.

④HPLC 分析では，専用溶離液と組み合わせることにより，種々の農薬を迅速かつ簡便に定量できる.

⑤GC 分析では，選択性の高い分析が可能.

HPLC 分析のための前処理	GC/MS 分析のための前処理
アセトニトリル 10 mL，水 20 mL を通液する.	シクロロメタン 10 mL，メタノール 5 mL，水 20 mL の順に通液する.
流速 10 ～ 20 mL/min 試料溶液は，0.1M 硝酸にて pH 4.0 に調製する.	流速 10 ～ 20 mL/min
数分間空気を通す.	15 分間空気を通す.
アセトニトリル（チウラム測定用）5 mL にて抽出する.	ジクロロメタン 5 mL にて抽出する. 抽出液を水分除去のため，芒硝約 10 g を充填カートリッジに通し，ジクロロメタン 5 ～ 10 mL で芒硝を洗浄し，抽出液と合わせて採取する.
	ヘキサン 2 ～ 3 mL 加えて混合し N_2 ガス気流下で 1 mL に濃縮する.

付録9 ポンプのチェックバルブの洗浄法

　長年使用していると，チェックバルブの洗浄や交換が必要になる．どのような症状が出た際にチェックバルブを洗浄する必要があるか，例をあげてみよう．

①グラディエント溶離法を行っていると，圧力が変動する．
②圧力が安定しにくい．または安定するのに時間がかかる．
③溶離液を変えると圧力が安定しない．

　チェックバルブの不具合の要因には，ルビー玉の変形（長年使用したための劣化），ルビー玉の受皿パッキンの劣化，溶離液中のゴミの付着などが考えられる．次に，チェックバルブを洗浄・交換するには，まず外す必要がある．

①チェックバルブをはずす前に流路の配管は上下ともはずす．
②大型スパナで本体ブロックを挟む．
③中型スパナでチェックバルブボディを挟み，ゆっくりと右に回す．上下のチェックバルブのどちらからでもよい．やりやすい順番に外す．
④外したチェックバルブはきれいな器に保管しておく．

　最後に，チェックバルブを取りつければ完了である．

① HPLC の溶媒あるいはメタノールでバルブ内部を軽くふいておく．
②チェックバルブの上下を確認する．大型スパナで本体ボディを，中型スパナでチェクバルブを挟み，ゆっくりと締めてゆく．80% くらい締め，上下を取りつけたら，ゆっくりと締めつけを増す．
③上部のナットを締め，溶離液を流し，上部のチェックバルブを流路に接続し，溶出具合を確かめる．

付録10 流路配管のメンテナンス

流路配管の詰まりで最も可能性が高いのが，冬場の低温下での緩衝液の結晶化である．ゲルろ過クロマトグラフィーやイオン交換クロマトグラフィーでは緩衝液を使用する場合が多いので，特に注意が必要である．結晶化を放置していれば，配管やバルブなどに強くこびりついてしまう．そのような場合は，次の段取りで洗浄する．

① 50〜60℃のお湯（純水）を測定時の1/2程度の流量で10分以上送液し，ゆっくり結晶を溶解する．
② 25%メタノール水で送液する．
③ 溶離液に切り換えて送液する．

緩衝液ではなく，タンパク質，脂肪，その他の試料の汚れは，次の順で送液するとよい．

① 50〜60℃のお湯（純水）
② 0.5 Nの水酸化ナトリウム
③ 50〜60℃のお湯（純水）
④ クロロホルムまたはヘキサン
⑤ メタノール
⑥ メタノール，純水混合液
⑦ 測定用の溶離液

このとき，水酸化ナトリウムが身体につかないように十分留意すること．純水についてはイオン交換樹脂で処理した後，蒸留したものがよい（比抵抗15 Ω以上であればよい）．下に実際のポンプ系統の配管図を示す．

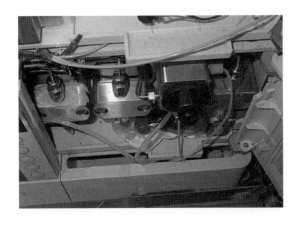

付録11 カラムの圧力上昇を軽減するには

HPLCにおいて，よくあるトラブルの一つが，カラムの圧力上昇である．その原因を突きとめるための圧力のチェック法は大切である．カラム本体の不具合ではない場合もある．具体的な方法を以下に示す．

【プレカラムのチェック】

試料はサンプルインジェクターから直接このプレカラムに入るので，目詰まりが起きやすい[*1]．プレカラムが詰まるのは決して悪いことではない．なぜなら，高価な本カラムが詰まるのを防止しているからである．まず本カラムを取り外し，送液してプレカラムの圧力をチェックする．もし圧力が高ければ，次の手順で洗浄する．

*1 プレカラムはセラミックフィルターの微細粒子を除くものと，カラムと同一物を詰めるものとがある．

①50～60℃のお湯を送液（10%メタノール含有）
②メタノール
③溶離液（水分含量の多いものは比率を考える）

【ヘッド内部のフィルター】

圧力が下らなければ，カラムヘッド内部のフィルターが詰まっている可能性がある．カラムヘッドをスパナでゆっくりと回して外す．最初は強く回さないと外れないが，緩くなれば，カラム上部が乱れないように，ていねいに振動させないで外す．

この上部の素焼きフィルターは付録10の流路フィルターと同様に洗浄し，乾燥して，再びカラムをHPLCに装着して，圧力をチェックする．汚れがひどい場合は新しいものに交換する．セラミックフィルターのみ交換できればよいが，ステンレスのカラムヘッドと一式のものが多いので，高価になりやすい．上部のフィルターだけでなく下部フィルターも同じ構造なので，同じように外し，洗浄・交換する．もちろん上部ほどではないが，下部のフィルターにも試料の不純成分が付着していく．

最近は，プレカラムはカートリッジ式になっていて，全体を交換するようになっている．価格は高くつくが操作は簡単である．

カラムを扱う際には，以下のことに注意しよう．

・落としたり，机に当てたり，大きなショックをカラムに与えない．
・シリカ系カラムでは，水酸化ナトリウムのようなアルカリは用いない．
・送液を高くして，急に圧力を上昇させない．
・有機合成系（ジビニルベンゼン，ジビニルスチレンなど）のカラムでは強

力な有機溶媒を使用しない．
・緩衝液を用いる系では，最初に温かい水系で処理して，決して濃度の高い有機溶媒を用いない．結晶が蓄積してさらに圧力が高くなる．
・シリカ系カラムで順相クロマトグラフィーを行っている場合は，水で洗浄しない．
・装着しているカラムの説明書に使用溶媒の濃度限界が表示してあるので，必ずチェックしておく．

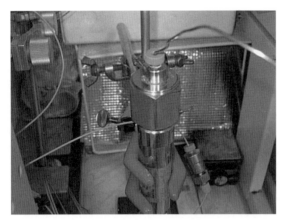

ステンレスカラムの上部

付録12 検出器の流路のチェック法

　ポンプ配管，カラム，フラクションコレクターを外して，流路をチェックする．検出器は高感度にするためにセル内部容積を小さくしているので，取り外して圧力をチェックする際，流量が多いと，圧力が上がりすぎる．1分間で1 mL 程度の流速が適当である．

　検出器へは，カラムを通過した後の，かなりクリーンな溶液が入ってくるので，短時間の分析では，詰まることはほとんどない．しかし，長期間使っていると目詰まりしてくることがある．また長い間使用していない場合，検出器の流路が乾くことがある．このようなときに詰まりが生じやすい．

　検出器の内部流路にセルがあり，石英ガラスで作られている．よって水酸化ナトリウムのような強アルカリはセルに傷をつける恐れがあるので，洗浄に用いないほうがよい．次の順で洗浄するとよいだろう．

① 50～60℃のお湯（5％メタノール含ませてもよい．10分以上）
② メタノール
③ クロロホルム（あるいはヘキサン）
④ メタノール（少し長く送液）
⑤ 50～60℃のお湯で送液後，使用する分析用の溶離液に置き換える

　検出器を扱う際は，以下のことに注意しよう．

・精密装置なので超音波などの振動は避ける
・内部に緩衝液の結晶が生じている場合は洗浄が難しいので，メーカーの技術者と相談してから処理する
・セルの汚れは検出感度にも影響を及ぼすので，感度もチェックする
・数年間使用していると，レンズを締めているパッキン（テフロン性など）も変形してくるので，チェックが必要になる
・レンズのパッキンの不良は，セル内部からの液漏れで確認できる（液漏れは周辺機器の錆びの要因になるので，すぐにふき取ることも大切）
・パッキンに不具合があれば，新しいものに取り替える．パッキンはまっすぐ平面的に入れ，しなやかに締めつける．

検出器の配管

付録13　リサイクルによる分離精製術

図1のようにカラムにサンプルを通し検出器で成分を検出した後，もう一度必要な成分だけを循環させて分離を高めて精製するのが，リサイクルシステムである．通常のHPLCでは，溶離液①をポンプ②で吸入・吐出し，サンプルバルブ③で注入された試料をカラム④で分離し，検出器⑤で溶出成分を確認して分取もしくは排出する．しかし，リサイクル（太線のフローライン）を行うことで，カラムに何度も試料を再送液して分離度を高めることができる．

図2のクロマトグラムからわかるように1本のカラムで6本を直列につないだのと同じ効果（分離能）が得られる．

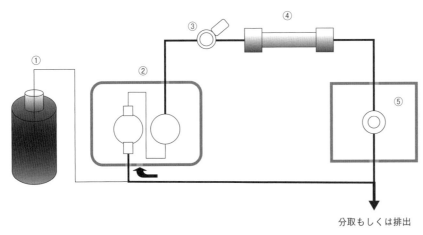

図1　リサイクルシステムの概要

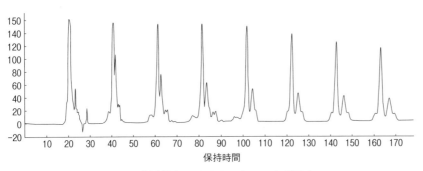

図2　典型的なリサイクルクロマトグラム

付録14　HPLCのスケールアップ

　分離カラムから分取カラムやパイロット用カラムに拡張する際に，カラムのスケールアップが必要になる．カラムのスケールアップの倍率は，カラム口径図と数式より求まる．小口径カラムの試料負荷量 w g と，スケールアップカラムで必要とする試料負荷量 W g との比に応じてカラム断面積を拡大する．下図の中の式でだいたいの数値を出すことができる．ただし実際には，その充填剤の流通特性，カラム圧損失，流速変化率なども考慮する必要がある．

　カラムをスケールアップした際には，検出器の流路や溶離液用のミキサーの配管も上述の数値に合わせて組み換える必要がある．特に大口径カラムを装着すると流速が格段に上昇するので，各装置配管の圧力を測定しておくことが大切である．カラムの圧力は充填剤によって変わることがあるので，カラムの材質（ステンレス，テフロン系，ガラス）を選ぶことも必要である．

　微量成分の分析（生体成分の濃度など）ではスケールアップは必要ないが，有用成分を分取し生理活性を測定する場合やミニプラントに組み込む装置を開発する場合などにはとても重要である．

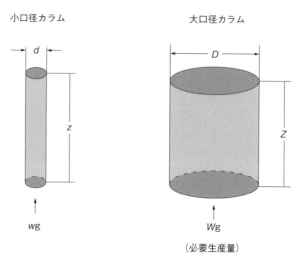

$$D^2 = \frac{W\text{g}}{w\text{g}} \cdot d^2$$

索 引

A～Z	
AOAC 法	14
BHT	46
DEAE カラム	38
DHA	49
DMF	16, 71
ECD	84
EPA	49
FLD	83
GPC カラム	54, 95
GPC 分取カラム	55
LC-MS	83
ODS カラム	54
OR	83
PAH	47
pH 計	26, 32, 77
ppb	64
ppm	64
PVA 充填剤	57
Rf	27, 29
RIU	81
RI 検出器	9
RPC	93
SEC モードカラム	57, 95
THF	70
TLC	28, 33
――発色試薬	31
化学修飾型――	29

あ	
アジ化ナトリウム	44
アセトン	7
アフィニティークロマトグラフィー	97
アミノ酸分析	8
アミラーゼ	13
アミログルコシダーゼ	13
安息香酸	28
安息香酸ナトリウム	28
アントシアニン	42, 43
イオン交換クロマトグラフィー	37, 94
イオンペアクロマトグラフィー	96
イソクラティック法	98
イノシン酸	38, 42
イムノグロブリン	97
陰イオンカートリッジ	9
旨味成分の分析	37
エタノール	16
エタノール抽出法	8
エバポレーター	20, 39
ロータリー――	44
塩化メチレン	70
遠心機	
ミニ――	26
遠心式濃縮機	19
塩の除去	3
オフライン脱気装置	85
オープンカラム	14
オンライン脱気装置	84

か

カウンターイオン	96
化学修飾型 TLC	29
カツオ節	39
活性部位	13
ガラスビーズ	44
カラム	
――クロマトグラフィー	24
――の圧力上昇	10
――のコンディショニング	104
――の選定	38
GPC――	54, 95
ODS――	54
環境分析	27
乾固	8
緩衝液系溶離液	68
官能基特異性	13
キサンチル酸	38
基質特異性	13
基礎化粧品	46
逆相クロマトグラフィー	93
吸着剤	29
グアニル酸	38
屈折計	33, 80
示差――	81
グラディエント法	98
高圧――	99
低圧――	99
クリサンテミン	43
クロロホルム	70
蛍光検出器	83
携帯用クロマトグラフ	27
結合特異性	13
ゲルろ過	5

――クロマトグラフィー	94
限外膜	7
限外ろ過	6, 7
検出器	81
高圧グラディエント	99
抗酸化剤	46
高性能薄層クロマトグラフィー	28
酵素・基質複合体	13
酵素による除去	12
コスモシール	41
コロジオン膜	7
混合溶媒の表記法	73
混合溶離液	71

さ

サイズ排除クロマトグラフィー	95
再溶解	7
酢酸エチル	71
三角メスシリンダー	75
サンプル濃縮	6
シイタケ	39
ジエチルエーテル	11
紫外可視吸光度検出器	82
紫外線照射器	44
シクロデキストリン	42
ジクロロエタン	71
ジクロロメタン	70
示差屈折計	9, 81, 83
脂質	
――の除去	9
単純――	10
糖――	10
複合――	10
リン――	10

質量モル濃度	63	装置配管	104
シメジ	39	粗脂肪	12
煮沸	87	疎水性溶離液	70
重量パーセント濃度	63	ソックスレー抽出法	11
樹脂脱水	16	ソルビン酸	28
順相クロマトグラフィー	94		

た

除去		多孔質	5
塩の――	3	多孔質膜	7
酵素による――	12	脱気装置	
脂質の――	9	オフライン――	85
水分の――	16	オンライン――	84
繊維質の――	12	溶媒――	84
タンパク質の――	7	単純脂質	10
糖類の――	14	タンパク質の除去	7
微生物の――	17	タンパク質変性沈殿法	9
微粒子の――	15	中圧液体クロマトグラフィー	25
無機物の――	17	超音波振動機	30
有機物の――	17	超音波洗浄機	87
シリカ	29	沈殿法	7
シリカゲル	25	低圧グラディエント	99
試料と溶離液の関係	73	呈味ヌクレオチド	40
試料の保存	17	テトラヒドロフラン	70
真空システム	22	電気化学検出器	84
親水性溶離液	67	電気伝導度計	84
水蒸気蒸留法	27	凍結乾燥機	21
水分の除去	16	糖脂質	10
スプレードライヤー	42	透析	3
スルホサリチル酸法	8	糖類の除去	14
整髪料	47	特異性	
絶対特異性	13	官能基――	13
繊維質の除去	12	基質――	13
旋光計	83	結合――	13
洗浄機	30	絶対――	13
装置のセッティング	20		

立体――	13
トリクロロ酢酸	7
トリヒドロキシベンゼン	46
トルエン	71

な

ナスフラスコ	21
乳化	10
乳鉢	32
濃度の換算	64

は

バイオサーファクタント	52
薄層クロマトグラフィー	24, 28, 33
高性能――	28
分取――	28
パーセント濃度	63
バッファー交換	5
半透膜	4
汎用小型 HPLC	33
ビーカー	75
光散乱検出器	84
微生物の除去	17
ピペッター	76
ピペット	76
微粒子の除去	15
ビール酵母	40
フォトダイオードアレー検出器	83
複合脂質	10
フラッシュクロマトグラフィー	14, 24, 39, 41, 42
プランジャー式ポンプ	34
ふるい	45
ブルーベリー	43
プレカラム誘導体化	8

プレパックカラム	25
ブレンダー	30
プロスキー法	13
プロテアーゼ	13
分液ロート	11
分画処理	48
粉砕	32
粉砕機	30, 31
分子ふるい効果	5
分取薄層クロマトグラフィー	28
分析と分取	55
粉末化	23, 42
分離モード	50
ペーパー――	15
ペーパーろ紙	15
ポストカラム誘導体化	8
ポリアロマティックハイドロカーボン	47

ま

マイクロピペットシリンジ	76
摩砕	30, 32
マトリックス	5
ミキサー	30
ミニ遠心機	26
無機物の除去	17
無水硫酸ナトリウム	12
メスシリンダー	14, 75
メスフラスコ	75
メンブレンフィルター	9, 39
モル濃度	63

や

ヤスリ	14
有機酸除去	8

有機物の除去	17
有機溶剤	9
有機溶媒	24
有機溶媒系 GPC	94
有機溶媒精製	87
誘導体化	
プレカラム――	8
ポストカラム――	8
溶液どうしの混和性	72
溶解度	65
溶解度の差	10
溶媒脱気装置	84
溶媒の回収	91
溶離液の置換	102
溶離液の保管	101

ら

ラムノリピッド	52
リサイクル分取 HPLC	49
リサイクル法	54
立体特異性	13
リトマス紙	77
硫安	7
硫酸アンモニウム	7
リン酸水素アンモニウム	67
リン脂質	10
ろ紙	100
ロータリーエバポレーター	44
ローバーカラム	25

著者紹介

松下　至（まつした　いたる）

[現　職]
ジェイ・アイ・サイエンス研究所所長

[学　歴]
愛媛大学大学院工学研究科卒

[職　歴]
大同薬品工業（株）研究室
ヤマキ（株）研究室

[教職歴]
愛媛大学，岡山理科大学，岡山学院大学
愛媛県西予市野村町　科学の学校
分取クロマトグラフィー研究会　会長・技術講師

[専　門]
分取クロマトグラフィー，化学教育

[趣　味]
クロマト装置開発
諸外国でのクロマトグラフィー指導
瀬戸内海の小島の散策と風景撮影

大栗　毅（おおぐり　つよし）

[現　職]
日本分析工業株式会社取締役技術部長

[学　歴]
近畿大学工学部電気工学科卒

[専　門]
電気・電子工学

[参加学会]
分取クロマトグラフィー研究会　編集委員
フラーレン・ナノチューブ・グラフェン学会　会員

[趣　味]
アマチュア無線（1 級）：海外から運用すること
音楽：楽器の演奏（ギター・ドラム・ピアノ）
料理：魚料理（釣りが高じて自然とできるように．
　　　エスニック料理他）
釣り：ボート釣り（カジキやマグロ釣りが最終目標）
日曜大工：レンガ積みから木工大工まで
自動車：いじるのが好き．レーシングカートなど
　　　も

失敗しない液クロ分析──試料前処理と溶離液作成のコツ──

2018年11月2日　第1版第1刷　発行

検印廃止

JCOPY 〈（社）出版者著作権管理機構委託出版物〉

本書の無断複写は著作権法上での例外を除き禁じられています．複写される場合は，そのつど事前に，（社）出版者著作権管理機構（電話 03-3513-6969，FAX 03-3513-6979，e-mail：info@jcopy.or.jp）の許諾を得てください．

本書のコピー，スキャン，デジタル化などの無断複製は著作権法上での例外を除き禁じられています．本書を代行業者などの第三者に依頼してスキャンやデジタル化することは，たとえ個人や家庭内の利用でも著作権法違反です．

Printed in Japan © I. Matsushita, T. Ohguri 2018
乱丁・落丁本は送料小社負担にてお取りかえいたします．

著者　松下　至・大栗　毅
発　行　者　曽根　良介
発　行　所　㈱化学同人

〒600-8074　京都市下京区仏光寺通柳馬場西入ル
編集部　TEL 075-352-3711　FAX 075-352-0371
営業部　TEL 075-352-3373　FAX 075-351-8301
振　替　01010-7-5702
E-mail　webmaster@kagakudojin.co.jp
URL　https://www.kagakudojin.co.jp
印刷・製本　西濃印刷株式会社

無断転載・複製を禁ず　　ISBN978-4-7598-1975-5